D1865985

Kriegen Blumen Sonnenbrand?

Fragen und Antworten
für Besserwisser

Meyers Kinder- und Jugendbücher

Bibliografische Information der Deutschen Nationalbibliothek
Die Deutsche Nationalbibliothek verzeichnet diese Publikation in der Deutschen Nationalbibliografie; detaillierte bibliografische Daten sind im Internet über http://dnb.d-nb.de abrufbar.

Bibliographisches Institut GmbH
Dudenstraße 6, 68167 Mannheim

Redaktionelle Leitung: Jürgen Hotz, Nina Schiefelbein
Text und Bild: Jochen Dilling, 2Think, Recklinghausen
Herstellung: Verona Meiling
Layout: Horst Bachmann, Weinheim
Umschlaggestaltung: Ulrike Diestel
Umschlagabbildungen: Himmel ©panthermedia.net, Denis Junemann; Blume ©panthermedia.net, Rüdiger Rebmann; Giraffe © JohanSwanepoel, Fotolia.com

Satz: fotosatz griesheim GmbH, Griesheim
Druck und Bindung: Offizin Andersen Nexö GmbH
Spenglerallee 26–30, 04442 Zwenkau
Printed in Germany

ISBN: 978-3-411-07123-4

Hallo, liebe Leserin! Hallo, lieber Leser!

Woher hat der Flohmarkt eigentlich seinen Namen? Wie funktioniert ein Leuchtturm? Und können Blumen wirklich Sonnenbrand kriegen? Schlaue Fragen – hier gibt es die Antworten! Lies das Buch von vorne nach hinten durch oder schlage einfach eine Seite auf und lass dich überraschen, wo du landest: Du wirst auf jeden Fall etwas Spannendes zu lesen finden.

Falls du Lust hast zu testen, was du alles weißt, gibt es in diesem Buch sechs Quizseiten. Bei welchem Thema kennst du dich am besten aus?

Die Lösungen zu allen Quizfragen stehen auf den Seiten 185–90.

Wir wünschen viel Spaß beim Schmökern, Rätseln und Staunen!

Die Meyers-Kinderbuch-Redaktion

Wie funktioniert ein Airbag?

Heute verfügt fast jedes neu gebaute Auto über mehrere Airbags. Das Wort „airbag“ kommt aus dem Englischen und bedeutet wörtlich übersetzt „Lufttasche“. Genau genommen handelt es sich dabei um ein „Luftkissen“, das sich bei einem Unfall automatisch aufbläst und verhindert, dass die Insassen gegen harte Fahrzeugteile prallen. Der Airbag wird dabei von einem zentralen Gerät gesteuert, dessen hochempfindliche Fühler einen gefährlichen Unfall unmittelbar erkennen.

Wenn das Fahrzeug frontal mit mehr als 30 km/h gegen etwas prallt, zündet ein Treibsatz, und ein ungefährliches Gas wird in den Airbag gepumpt, der sich aufbläht. Das alles geht rasend schnell, mit einer Geschwindigkeit von 550 km/h (das ist doppelt so schnell wie ein Düsenjet beim Start), und dauert gerade mal 10 bis 40 Millisekunden, also den Bruchteil einer Sekunde – schneller, als du mit den Augen zwinkern kannst! Richtig angenehm ist es übrigens nicht, wenn man bei voller Fahrt in den Airbag „knallt".

Den ersten Airbag entwickelte der schwäbische Autobauer Mercedes vor über 40 Jahren. 1971 erhielt das Unternehmen darauf ein Patent. Knapp zehn Jahre später konnten sich die Käufer teurerer Autos einen Airbag einbauen lassen. Zunächst gab es nur ein Modell für den Fahrer, im Laufe der Zeit wurden zahlreiche weitere Airbags konstruiert.

Unterschiedliche Arten von Airbags

1. Fahrerairbag im Lenkrad
2. Beifahrerairbag im Armaturenbrett
3. Seitenairbag im Sitz oder in der Türverkleidung
4. Kopfairbag im Dachrahmen
5. Knieairbag im unteren Teil des Armaturenbretts

Können Algen blühen?

Auch wenn in den Nachrichten ab und zu von einer „Algenblüte“ die Rede ist, können Algen nicht blühen wie etwa die Blumen im Garten. Genau genommen gehören Algen auch nicht zu den Pflanzen, sondern sind pflanzenartige Lebewesen. Mit dem Begriff „Algenblüte“ ist die massenhafte Vermehrung dieser Lebewesen in einem See oder Meer gemeint, durch die sich die Wasseroberfläche plötzlich auffällig grün färbt.

Algen breiten sich vor allem in verschmutzten Gewässern rasend schnell aus, insbesondere dann, wenn die Sonne auf die Wasseroberfläche scheint. Die Wärme und die chemischen Stoffe, die im Abwasser enthalten sind, begünstigen das Wachstum. Übrigens ist die „Algenblüte“ für andere Wasserlebewesen gefährlich, denn die Algen nehmen ihnen den Sauerstoff weg.

Warum sind **Autoreifen** schwarz?

Grundsätzlich könnten Autoreifen jede beliebige Farbe haben, also auch blau, grün oder rot. Doch die Farbe Schwarz hat sich im Laufe der Zeit durchgesetzt, weil man den Straßendreck nicht auf ihr sieht.

Reifen werden aus Gummi hergestellt, einem Stoff, der heutzutage künstlich aus verschiedenen Zutaten gemixt wird. Früher jedoch verwendete man dafür vorwiegend natürlichen Kautschuk. Dieser Pflanzensaft hat einen hellbeigen Farbton. Um die Reifen haltbarer zu machen, gaben die Hersteller noch ein wenig Ruß in die zähflüssige Masse, die nun schwarz wurde.

Übrigens gab es früher auch weiße Reifen, doch die wurden viel zu schnell dreckig und werden heute nur noch sehr selten angeboten.

Wie lang war das längste **Autorennen** der Welt?

Bei einem Formel-1-Rennen legen die Wagen etwa 300 km zurück. Das ist nichts gegen die rund 13 000 km, die 1907 bei der „Vergleichsfahrt für pferdelose Wagen“ – so die offizielle Bezeichnung – von Peking nach Paris gefahren werden mussten. Fünf Autos gingen an den Start und fuhren an der Chinesischen Mauer vorbei durch die Mongolei, die Wüste Gobi und Sibirien bis nach Moskau und von dort über Berlin, Hannover und Lüttich bis nach Paris. Dabei hatten sie zahlreiche Gebirge zu überqueren. Die Steigungen schafften die Fahrzeuge oft nicht allein, sondern mussten von

Aha! Bertha Benz war die erste Frau der Welt, die ein Auto steuerte. 1888 legte sie ohne Wissen ihres Mannes, des Automobilpioniers Carl Benz, in der ersten erfolgreichen Überlandfahrt eines Motorwagens 106 km von Mannheim nach Pforzheim zurück.

Lasttieren gezogen werden. Wegen der holprigen und meist unbefestigten Straßen fuhren die Autos an manchen Tagen gerade mal eine Strecke von 40 km.

Nach 62 Tagen traf der Sieger, der italienische Fürst Scipio Borghese, in Paris ein. Er war nicht nur schneller, sondern auch cleverer als seine Konkurrenten. Wegen des schlechten Zustands der Straßen hatte er zeitweilig das Gleisbett der Eisenbahn genutzt und war darauf entlanggeholpert. Mit gewaltigem Vorsprung erreichte der Fürst das Ziel. Seine Verfolger trafen erst drei Wochen nach ihm in der französischen Hauptstadt ein.

Die längsten Rennstrecken in der Formel 1

1	Suzuka	Großer Preis von Japan	5807 m
2	Monza	Großer Preis von Italien	5793 m
3	Shanghai	Großer Preis von China	5451 m
4	Sepang	Großer Preis von Malaysia	5543 m
5	Sakhir	Großer Preis von Bahrain	5412 m

Wie heiß kann man **baden?**

Das hängt von der Wärmeempfindlichkeit des Körpers ab, die beispielsweise von der Größe, dem Gewicht oder dem Gesundheitszustand beeinflusst wird. Manche Menschen mögen es in der Wanne 40 °C warm, anderen ist das schon zu heiß. Generell gilt, dass kein Mensch heißer als 48 °C baden kann, weil sonst sein Kreislauf verrückt spielt.

Je stiller jemand in der Wanne liegt, desto heißer darf das Wasser sein. Beim Baden erweitert die Hitze die Blutgefäße in der Haut. In der Folge gelangt mehr Wärme in den Körper, während sich gleichzeitig eine etwas kühlere Wasserschicht um ihn bildet. Die ist allerdings sehr empfindlich und wird bei der geringsten Bewegung zerstört – und schon wird es einem in der Wanne ganz schön heiß.

Sind alle **Bakterien** gefährlich?

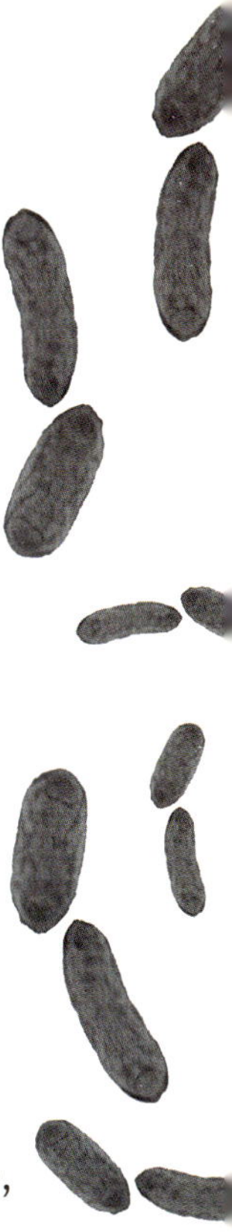

Die meisten dieser Kleinstlebewesen, die man nur unter dem Mikroskop sieht, bedeuten für den Menschen keine Gefahr. Viele von ihnen sind für uns sogar lebensnotwendig. Daher gibt es sie überall im menschlichen Körper. Beispielsweise leben im Darm viele Millionen Bakterien, die dafür sorgen, dass er richtig arbeitet und die Verdauung funktioniert.

Aber auch in der freien Natur und in Lebensmitteln gibt es „nützliche" Bakterien. So leben in jedem Zentimeter Ackerboden viele Millionen dieser superkleinen Lebewesen. Dank ihnen können Obst und Gemüse sowie Getreide gut gedeihen. Auch bei der Herstellung von Käse werden sie eingesetzt.

Generell lassen sich zwei Arten von Bakterien unterscheiden: solche, die nur mit, und solche, die nur ohne Sauerstoff leben können.

Wie alt ist der älteste Baum?

Als ältester Baum der Erde gilt eine zerzauste Kiefer, die sich einsam über die karge Landschaft Mittelschwedens erhebt. Nach Berechnungen von Wissenschaftlern ist der Nadelbaum etwa 9550 Jahre alt. Genau genommen trifft das allerdings nur auf seine Wurzel zu, der Stamm ist weit jünger.

In den schwedischen Bergen stießen Forscher übrigens noch auf weitere Methusalem-Fichten, die mindestens 8000 Jahre alt sind und den widrigen Wetterverhältnissen mit Sturm und Kälte seit jeher trotzen. Vermutlich überleben sie vor allem wegen der Fähigkeit der Wurzel, einen neuen Stamm wachsen zu lassen, wenn der alte abgestorben ist.

Sterben Bienen, wenn sie gestochen haben?

Das hängt ganz davon ab, wen sie gestochen haben, oder besser: davon, wie dessen Haut beschaffen ist. Bienenstacheln haben Widerhaken. Wenn das Insekt einen Menschen oder ein Wirbeltier sticht, bleibt der Stachel in der Haut des Gestochenen stecken. Die Haut eines Menschen hat mehrere Schichten und ist relativ dick, sodass die Biene ihren Stachel nicht wieder herausziehen kann. Dennoch versucht sie es, reißt dabei aber einen Teil von ihrem Körper ab, den Stechapparat. An dieser Verletzung stirbt sie.

Anders verhält es sich, wenn die Biene andere Insekten sticht. Deren Körper ist aus verschiedenen Teilen (Segmenten) zusammengesetzt. Die Biene sticht in den weichen Zwischenraum zwischen diesen Segmenten, wo ihre Widerhaken nicht hängen bleiben, und bekommt den Stachel wieder heraus.

Wozu dient die Blackbox in einem Flugzeug?

„Blackbox“ lautet die gebräuchliche Bezeichnung für den sogenannten Flugschreiber, der sämtliche wichtigen Flugdaten aufzeichnet. Der Kasten ist nicht schwarz – wie sein Name („black“, englisch für schwarz) nahelegt –, sondern leuchtend orange und etwas größer als ein Schuhkarton. Er besteht aus zwei Geräten – dem Flugdatenschreiber, der u. a. Höhe, Geschwindigkeit und Flugbahn notiert, und dem Stimmenrekorder, der die Gespräche der Piloten und den Funkverkehr aufzeichnet.

Nach einem Flugzeugabsturz wird nach der Blackbox gesucht, denn von den darin gespeicherten Daten erhoffen sich die Experten Aufschlüsse über die Unglücksursache. Da bei einem Flugzeugabsturz gewaltige Kräfte wirken, muss die Blackbox einiges aushalten können. Sie ist bis 6000 m Meerestiefe

wasserdicht, übersteht Temperaturen bis zu 1000 °C und einen Aufprall mit mehreren Hundert Stundenkilometern. Zudem verfügt sie über einen Sender, der Signale ausstrahlt, wenn sie mit Wasser in Berührung kommt. So lässt sie sich leichter aufspüren. Die Batterie der Blackbox sorgt dafür, dass sie mindestens einen Monat lang ihr Signal abgibt.

Derzeit arbeiten Techniker an einem Verfahren, das es ermöglicht, die Flugdaten an einen Satelliten zu senden, der wiederum Kontakt mit einer Bodenstation hat. Diese Technik soll in einigen Jahren die Blackbox überflüssig machen.

Aha! Die Blackbox speichert stets die letzten 30 Minuten der Gespräche und Funksprüche, ältere Aufnahmen werden überschrieben.

Warum schließen Pflanzen ihre **Blüten?**

Tagsüber strecken viele Pflanzen ihre Blüten der warmen Sonne entgegen. Nach Sonnenuntergang schließen sie sich jedoch allmählich wieder. Wenn es regnet, bleiben bei einigen Pflanzen die Blüten sogar tagsüber geschlossen.

Während der Nacht und auch bei Regen bekommen die Blüten keinen Besuch von Bienen und anderen Insekten. Die Tiere ernähren sich nicht nur vom Nektar, sondern bestäuben auch die Pollen in den Blüten und sorgen dadurch für deren Vermehrung. Die Pflanze schließt deshalb zu diesen Zeiten ihre Blüte, damit diese nicht zu nass wird, denn erst dann könnten die Nektar- und Pollenvorräte wegschwimmen.

Aha! Einige Blumen verschließen ihre Blüten gar nicht, da sie andere Schutzmechanismen entwickelt haben. So hängen die Blüten der Glockenblume nach unten, sodass von oben keine Feuchtigkeit eindringen kann.

Wie kommt ein Brief ans Ziel?

Wer einen Brief in einen der vielen gelben Briefkästen am Straßenrand wirft, kann davon ausgehen, dass seine Post am nächsten Tag beim Empfänger ankommt. Alle Sendungen im Briefkasten werden in ein Briefzentrum gebracht. Dort erledigen Maschinen die weitere Arbeit: Sie entwerten die Briefmarken, lesen die Adressen und versehen die Briefe mit einem Strichcode. Er enthält die wichtigsten Adressinformationen, sodass die Post nun nach Zielorten sortiert werden kann.

Anschließend werden die Briefe zu diesen Orten transportiert – je nach Entfernung mit Lkw oder Zug, Flugzeug oder Schiff. Am Zielort angelangt, wird die Post von Hand nach Straßen sortiert, später nach Hausnummern. Nun sind die Postboten an der Reihe. Sie bringen die Sendungen zum richtigen Haus.

Welche Farbe hatten die ersten **Briefkästen?**

Das weiß niemand mehr so genau. Vermutlich hatten sie aber schlicht die Farbe von blankem Holz. Vor etwa 400 Jahren wurden ein paar Dutzend solcher Briefkästen aufgestellt. Damals überbrachten Boten persönlich die Post und mussten häufig lange Strecken zu Fuß, per Pferd oder Kutsche zurücklegen. Diese Aufgabe übernahm in Deutschland die Familie von Thurn und Taxis, die vom Kaiser das Recht zur Postbeförderung erhalten hatte. Die Familie wählte für ihr Unternehmen die kaiserlichen Farben: Gelb und Schwarz.

Erst 1871 verabschiedete sich das Unternehmen vom Schwarz. Fortan stand nur noch Gelb für die Post, so wie heute für die Deutsche Post. Die Briefkästen waren zunächst allerdings blau. Erst nach dem Zweiten Weltkrieg, der 1945 endete, erhielten sie einen gelben Anstrich. Und den haben sie behalten.

Warum fällt das Brot immer auf die Marmeladenseite?

Wenn du am Tisch sitzt und dein leckeres Marmeladenbrot herunterfällt, dann landet es garantiert immer auf der bestrichenen Seite – zumindest kommt es dir so vor. Und dieser Eindruck täuscht nicht, denn in vier von fünf Fällen ist es so. Das liegt an der Tischhöhe. Beim Fallen beginnt sich das Brot zu drehen. Doch bevor es eine ganze Umdrehung geschafft hat, landet es auf dem Boden. Wäre der Tisch nicht nur etwa 75 cm hoch, sondern 3 m, kämst du wahrscheinlich nur mit der Leiter auf den Stuhl, das herunterfallende Brot aber würde nicht auf der Marmeladenseite landen, sondern auf der nicht bestrichenen Seite.

Wofür brauchen Männer Brustwarzen?

Frauen brauchen Brüste, damit sie Muttermilch bilden, und Brustwarzen, damit die Babys in den ersten Lebensmonaten die Milch heraussaugen können. Männer hingegen gebären keine Kinder, haben aber trotzdem Brustwarzen. Allerdings könnten sie auch ohne auskommen, denn sie brauchen sie nicht.

Zwar wird schon bei der Befruchtung festgelegt, ob ein Kind ein Junge oder ein Mädchen ist, doch in den ersten Wochen, in denen der Embryo im Mutterleib heranwächst, lässt sich noch kein Unterschied erkennen. Die Embryos entwickeln sich völlig gleich. Denn zunächst bilden sie die Anlagen für alle lebenswichtigen Organe, zum Beispiel für Herz und Lunge. Das sind sämtlich Voraussetzungen, um sowohl Junge als auch Mädchen zu werden.

Nach sieben Wochen erhält der Körper die Information, zu welchem Geschlecht er sich entwickeln soll. Nun entstehen die Geschlechtsorgane, und die Unterschiede werden sichtbar. Bei den Frauen entwickeln sich die Anlagen für die Brüste, bei den Jungen bilden sich die bis dahin entstandenen weiblichen Anlagen zurück. Letztes Überbleibsel sind die männlichen Brustwarzen.

Ob ein Baby ein Junge oder ein Mädchen wird, bestimmt das Erbmaterial der Eltern, das sich auf den sogenannten Chromosomen befindet. Davon gibt es zwei Arten: X und Y. Mädchen haben zwei X-Chromosomen, Jungen ein X- und ein Y-Chromosom. Da nur der Vater ein Y-Chromosom beisteuern kann, entscheidet er über das Geschlecht des Kindes.

Aha! Der menschliche Körper besteht aus unzähligen Zellen: 10 bis 100 Billionen, das ist eine Zehn mit 13 bzw. 14 Nullen. Alle Zellen zusammen ergeben eine Kette, die 50-mal um die Erde reicht.

Wer erfand die Cola?

Die erste Coca-Cola® konnten 1886 die Menschen in der US-amerikanischen Stadt Atlanta kaufen – allerdings als Medizin, die Kopfschmerzen ebenso vertreiben sollte wie Müdigkeit. Das zumindest versprach der Erfinder des Getränks, der Apotheker John S. Pemberton. Er hatte seine Cola aus Wasser, Zucker, Zitronensäure, Kräutern, Kolanuss und verschiedenen Blättern, darunter denen des Kokastrauchs, gemixt. Da die Kokablätter ein Rauschmittel namens Kokain enthalten, wurden sie schon bald nicht mehr verwendet.

Pemberton verkaufte seine Erfindung an seinen Landsmann Asa G. Chandler, der die Coca-Cola Company gründete und schon bald die einstige Medizin als Erfrischungsgetränk in viele Länder lieferte.

Wie schwer war der erste Computer?

Der erste Computer wog so viel wie ein Kleinwagen, etwa eine Tonne, also 1000 kg. Kein Vergleich zu heutigen Note- und Netbooks oder Tabletcomputern, die nicht einmal 1 kg wiegen. Das schwere Ding baute der deutsche Ingenieur Konrad Zuse 1941. Da es die dritte Rechenmaschine war, die er konstruiert hatte, nannte er sie „Z3“.

Das Gerät, das Zuses Wohnzimmer fast komplett ausfüllte, verfügte über alle Elemente heutiger Computer. Allerdings waren die Bauteile noch weit größer als die inzwischen verwendeten winzig kleinen Chips. Im Vergleich zu heutigen Rechnern war die Leistung des Z3 sehr beschränkt: Er beherrschte gerade mal die Grundrechenarten und löste Quadratwurzeln. Und dennoch wären ohne ihn moderne Computer nicht denkbar.

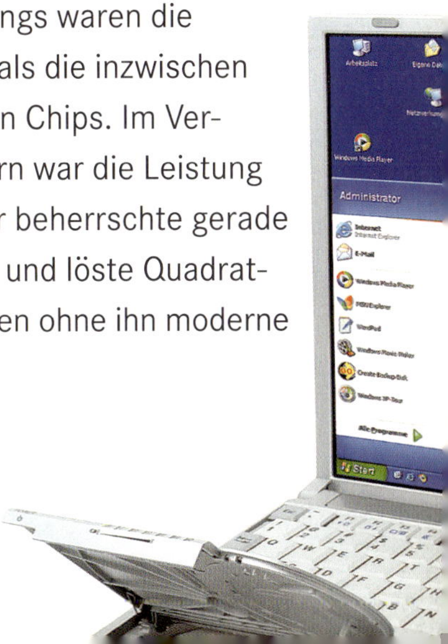

Woher hat der **Daumen** seinen Namen?

Der Daumen ist der stärkste und dickste unserer fünf Finger. Diesen Eigenschaften verdankt er auch seinen Namen. Schon die alten Germanen nannten ihn „Dume“ oder auch „Dumo“, was so viel bedeutet wie „der Dicke“. Diese Bezeichnung verwendeten die Germanen auch für dicke und starke Menschen. Vermutlich haben sie sie später dann auf den Finger übertragen.

Übrigens ist der Daumen ein ganz besonderer Finger, denn er besteht nur aus zwei Knochenteilen und hat nur zwei Gelenke – alle anderen Finger haben jeweils drei. Zudem sitzt ein Gelenk des Daumens fast am Unterarm, was den „Dicken“ ganz besonders beweglich macht.

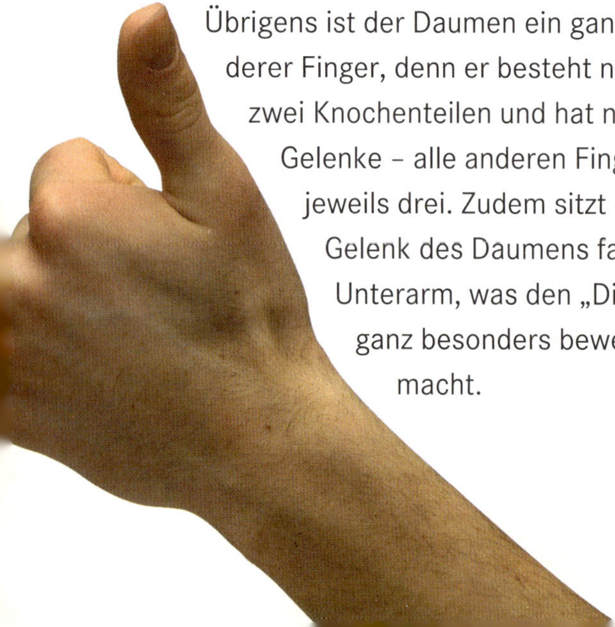

Wie funktioniert ein Deodorant?

Wenn sich jemand richtig anstrengt oder draußen die Sonne vom Himmel brennt, gerät er ins Schwitzen: Auf der Haut bildet sich Feuchtigkeit, die zunächst nach nichts riecht. Doch das ändert sich bald. Dafür sorgen Bakterien, die in großer Zahl auf der Haut leben, etwa unter den Achseln. Einige von ihnen ernähren sich von Schweiß, der sich besonders gerne in den Achselhaaren ablagert, und verursachen den üblen Geruch.

Dagegen hilft ein Deodorant, kurz Deo genannt. Seine Inhaltsstoffe bewirken gleich mehrere Dinge: Sie bekämpfen die Bakterien, hindern die Schweißdrüsen, Feuchtigkeit abzugeben und überdecken den Schweißgeruch mit einem Parfüm.

Aha! Schweiß auf der Hautoberfläche ist durchaus nützlich, denn er sorgt dafür, dass sich der Körper abkühlt.

Acht Fragen zu **Tieren**. Kennst d

1 **Welche Insekten haben keine Königin?**

a) Ameisen
b) Bienen
c) Fliegen

2 **Wie viele Beine haben Spinnen?**

a) sechs
b) acht
c) zehn

3 **Wie hoch kann eine Giraffe werden?**

a) 3 m
b) 6 m
c) 9 m

4 **Welches Tier macht keinen Winterschlaf?**

a) Bär
b) Hase
c) Igel

5 Zu welchen Raubkatzen gehört der Schwarze Panther?

a) zu den Leoparden
b) zu den Löwen
c) zu den Tigern

6 **Wievielmal schlagen Kolibris pro Sekunde mit den Flügeln?**

a) mehr als 30-mal
b) mehr als 50-mal
c) mehr als 100-mal

7 **Wie lang ist die Zunge eines Ameisenbären?**

a) 30 cm
b) 40 cm
c) 60 cm

8 **Welches ist der größte Wal?**

a) Blauwal
b) Grindwal
c) Pottwal

Welches war der höchste Wert auf einem **Dollarschein?**

In dem afrikanischen Staat Simbabwe gab es im Jahr 2008 tatsächlich Geldscheine, auf denen der Wert „100 Milliarden" stand. Viel wert war ein solcher Schein der Währung Simbabwe-Dollar allerdings nicht, denn für ihn bekam sein Besitzer gerade mal einen größeren Laib Brot.

Simbabwe liegt im Inneren Afrikas und ist rundum von anderen Ländern umgeben. Die Bevölkerung ist sehr arm. Grund für den geringen Wert der Geldscheine waren die hohen Preissteigerungen. Grundnahrungsmittel wie Brot wurden immer teurer. Daher wurde 2009 die Währung abgeschafft. Seitdem wird hauptsächlich mit dem US-Dollar oder dem südafrikanischen Rand bezahlt.

Waren die Heiligen **Drei Könige** wirklich Könige?

Am 6. Januar feiern wir das Fest der Heiligen Drei Könige. Ob sie allerdings tatsächlich Könige waren, ist unklar. Im Neuen Testament berichtet Matthäus nicht von Königen, sondern nur von den „Weisen aus dem Morgenland“, die bei Jesu Geburt einen hell leuchtenden Stern am Himmel gesehen hätten.

Zu Königen wurden die drei erst im 3. Jahrhundert bei den Römern, die damit jedoch alle höhergestellten Personen bezeichneten. Da die Weisen dem Jesuskind damals so wertvolle Dinge wie Weihrauch, Myrrhe und Gold mitbrachten, vermuteten die Römer, dass es sich bei ihnen um hohe Personen handeln musste.

Übrigens gibt Matthäus den Weisen auch keine Namen. Die heute gebräuchlichen Bezeichnungen Caspar, Melchior und Balthasar haben sich erst im Mittelalter herausgebildet.

Was hat das Ei des Kolumbus mit dem berühmten Seefahrer zu tun?

Eine bekannte Redensart lautet: „Er/Sie hat das Ei des Kolumbus gefunden.“ Das bedeutet, dass jemand auf eine einfache Lösung für ein schwieriges Problem gestoßen ist. Tatsächlich leitet sich diese Redensart von dem Seefahrer Christoph Kolumbus ab, der als Entdecker Amerikas gilt, selbst aber glaubte, einen Seeweg nach Indien gefunden zu haben.

Eines Tages war er bei einem Essen eingeladen, und einer der Gäste meinte, Kolumbus' Leistung sei nichts Besonderes gewesen. Jeder andere Seefahrer hätte die ebenso gut dorthin gelangen können. Da wurde Kolumbus wütend, nahm ein gekochtes Ei und forderte die Gäste auf, es auf die Spitze zu stellen. Das gelang niemandem. Also schlug Kolumbus das Ei leicht auf die Tischplatte, sodass in der Schale eine Delle entstand, und stellte es darauf. Nun protestierten die anderen Gäste, so hätten sie es natürlich auch geschafft. Das ließ Kolumbus nicht gelten und entgegnete: „Sie hätten es tun können, ich aber habe es getan.“

Kolumbus wusste bis zu seinem Tod nicht, dass er Amerika und damit einen neuen Erdteil entdeckt hatte. Deshalb nannte er auch die Menschen, auf die er traf, „Indianer“. Er blieb der festen Überzeugung, Indien erreicht zu haben.

Aha! Schon rund 500 Jahre vor Kolumbus betraten Europäer die „Neue Welt“: die Wikinger. Leif Eriksson gelangte von Island aus nach Neufundland, wo er eine Siedlung gründete.

Was machen **Eidechsen**, wenn sie bedroht werden?

Wenn sich Eidechsen bedroht fühlen, werfen sie einfach ihren Schwanz ab. Er bewegt sich noch einige Minuten, weil die Nerven weiterhin aktiv sind. Dadurch wirkt er wie eine lohnende Beute und verwirrt den Gegner.

Das Schwanzabwerfen funktioniert ganz einfach, denn an seinen Wirbeln befinden sich sogenannte Sollbruchstellen. Bei Gefahr zieht die Eidechse den dortigen ringförmigen Muskel fest zusammen und der Schwanz bricht ab.

Er wächst rasch wieder nach, büßt allerdings seine vorherige Farbenpracht ein. Und das neue Stück hat keine Sollbruchstellen mehr. Möchte die Eidechse den Schwanz erneut abwerfen, dann muss sie dies oberhalb der ersten Sollbruchstelle tun.

Warum rutscht man auf **Eis** aus?

Wenn wir davon reden, dass wir auf Eis „ausrutschen“, ist das wissenschaftlich betrachtet nicht richtig, denn eigentlich schwimmen wir weg. Sobald ein Mensch auf eine Eisfläche tritt, übt sein Körper einen hohen Druck auf die gefrorene Schicht aus. Dadurch entsteht Wärme, die das Eis unter den Schuhen zum Schmelzen bringt. Geschmolzenes Eis wird zu Wasser, unter den Schuhen entsteht ein Wasserfilm. Wenn dieser groß genug ist, dann gleitet man aus, schwimmt also weg.

Aha! Schon die Römer mochten kalte Getränke. Daher ließen sie sich Gletschereis in die Städte bringen, mit dem sie auch Speisen kühlten.

Wie viel Prozent eines **Eisbergs** verbergen sich unter Wasser?

Wenn ein Eisberg aus dem Meer ragt, dann sind nur etwa 10 bis 20 % von ihm zu sehen. Wie viel es genau sind, hängt von der Dichte des Eises ab, also davon, wie viele Luftbläschen im Eis eingeschlossen sind. Je mehr es sind, desto weiter ragt der Eisberg aus dem Wasser. Seine wahre Ausdehnung unter Wasser aber ist nicht zu erkennen, was ihn gefährlich für Schiffe macht. Deshalb werden große Eisberge heute von Satelliten und Flugzeugen aus beobachtet.

Eisberge entstehen im Allgemeinen, wenn große Stück eines Gletschers in den Polargebieten abbrechen. Diese Riesen bestehen nicht aus Salz-, sondern aus Süßwasser. Eisberge können sich aber auch aus aufeinandergeschobenen Eisschollen bilden, die sich viele Meter hoch auftürmen.

Der Eisberg treibt im Wasser, denn Eis ist leichter als Wasser – physikalisch ausgedrückt: Das Eis hat eine geringere Dichte. Deshalb schwimmen zum Beispiel auch Eiswürfel in der Limonade. Wind und Meeresströmungen sorgen dafür, dass sich der Eisberg bewegt. Bleibt er in den kalten Polargewässern, schmilzt er relativ langsam und kann bei entsprechender Größe bis zu 30 Jahre überdauern. Treiben die Eisberge jedoch in wärmere Gewässer, verlieren sie sehr schnell an Größe. Ein durchschnittlicher Eisberg wird etwa drei Jahre alt.

Aha! Der größte Eisberg, der je beobachtet werden konnte, war etwa 300 km lang, bis zu 57 km breit und an manchen Stellen 350 m hoch. Seine Gesamtfläche entsprach damit fast der von Schleswig-Holstein.

Wie dick ist Elefantenhaut?

Da Elefantenhaut nicht an allen Stellen gleich dick ist, lässt sich die Frage nicht so leicht beantworten. Am dicksten ist sie mit etwa 3 cm an besonders empfindlichen Stellen wie hinter den Ohren, an den Augen sowie an Bauch, Brust und den Seiten. An anderen Stellen hingegen erreicht sie gerade mal Papierstärke. Doch egal, ob dick oder dünn, Elefantenhaut ist immer faltig und fühlt sich an wie ein Radiergummi. Dafür verantwortlich sind warzenförmige Wölbungen der Oberhaut. Übrigens ist Elefantenhaut an vielen Stellen äußerst empfindlich. Angeblich bemerkt der Dickhäuter sogar, wenn ein größeres Insekt auf seinem Rücken landet.

Haben **Engel** Flügel?

Auf Bildern und als Figuren haben Engel heute im Allgemeinen Flügel. Das war nicht immer so. In den ersten Jahrhunderten nach Christi Geburt besaßen sie noch keine. Denn in der Bibel gibt es weder im Alten noch im Neuen Testament eine Stelle, in der Engel mit Flügeln beschrieben werden. Die haben ihnen die Menschen erst ab dem 4. Jahrhundert gegeben, vermutlich weil sie sich die Engel so vorstellten.

Allerdings erscheinen in der Bibel Mischwesen aus Mensch und Tier mit Flügeln, die den Engeln zugerechnet werden: Cherubim und Seraphim. Die Seraphim werden mit sechs Flügeln beschrieben. Die Cherubim, eine Mischung aus Mensch, Adler, Löwe und Stier, sollen vier Gesichter und vier Flügel haben.

Kann auch ein Erwachsener Kinderkrankheiten bekommen?

Bei Kinderkrankheiten handelt es sich um Krankheiten, die vornehmlich im Kindesalter auftreten. Einige von ihnen wie etwa Masern und Röteln verursachen Hautausschlag, häufig bekommt man Fieber.

Alle Kinderkrankheiten sind hochansteckend, denn ihre Erreger werden durch die sogenannte Tröpfcheninfektion übertragen, also beim Niesen, Husten oder Naseputzen. Trägt jemand die Krankheitserreger in sich und hustet, dann lösen sich kleinste Teilchen und werden bis zu 3 m durch die Luft geschleudert. Wer sie einatmet, kann sich anstecken.

Fast alle Kinderkrankheiten sind sogenannte Virusinfektionen. Winzig kleine Teilchen, die Viren, gelangen in den menschlichen Körper, greifen dort Zellen an und nisten sich in ihnen ein. Eine Ausnahme ist der Keuchhusten, der durch Bakterien verbreitet wird, das sind kleinste einzellige Lebewesen.

Der große Vorteil, dass schon Kinder diese Krankheiten bekommen, besteht darin, dass sie anschließend dagegen immun sind, die gleiche Krankheit also nicht noch einmal bekommen können. Bemerkt er die Krankheitserreger erneut, bildet der Körper Antikörper und zerstört sie. Wenn ein Kind eine bestimmte Kinderkrankheit nicht bekommen hat, kann es sich damit als Erwachsener durchaus anstecken – ihm fehlen Antikörper zur Abwehr.

Kinderkrankheiten und ihre Symptome

1	Masern	Punktförmige Rötungen auf der Haut, Fieber
2	Keuchhusten	Heftige Hustenanfälle mit keuchendem Atem
3	Mumps	Schwellung der Speicheldrüsen, Schmerzen beim Kauen und Schlucken, Fieber
4	Windpocken	Rote Flecken und Bläschen auf der Haut, starker Juckreiz
5	Röteln	Häufig rötlicher Hautausschlag, Augenentzündung

Warum können **Eulen** ihren Kopf in alle Richtungen bewegen?

Die meisten Eulen leben im Wald und jagen bei Nacht. Daher haben sie besondere Augen, mit denen sie Gegenstände und Beutetiere räumlich sehen und so Entfernungen und Geschwindigkeiten abschätzen können. Allerdings sind Augen von Eulen unbeweglich. Stattdessen können die Vögel ihren Kopf in jede Richtung wenden und ihr Sichtfeld dadurch erweitern.

Übrigens verfügen Eulen über ein leistungsstarkes Gehör. Sie haben keine runden Ohröffnungen wie andere Vogelarten, sondern lange, schlitzförmige. Zudem tragen viele Eulen einen Gesichtsschleier aus besonders geformten Federn am vorderen Kopf. Diese verstärken Geräusche und lenken die Schallwellen zu den Ohren.

Wie viele Familiennamen gibt es in China?

In der Volksrepublik China leben so viele Menschen wie in keinem anderen Land der Erde: etwa 1,3 Milliarden – das sind etwa 16-mal so viele Einwohner, wie Deutschland hat. Dennoch gibt es in dem asiatischen Land viel weniger Familiennamen als bei uns. Schätzungen gehen von 400 bis 700 unterschiedlichen Nachnamen aus, während es bei uns mehr als 400-mal so viele sind, nämlich rund 300 000. Das liegt in erster Linie daran, dass die chinesische Sprache sehr viele kurze Wörter und Silben kennt.

Der am weitesten verbreitete Familienname in China ist Li, jeder 13. Mensch heißt dort so. Ebenfalls sehr häufig kommen Wang und Zhang vor. Trotzdem kann man die Chinesen voneinander unterscheiden, denn bei den Vornamen sind der Fantasie keine Grenzen gesetzt.

Warum haben wir Rillen auf unseren Fingerkuppen?

Jeder Mensch hat auf den Fingerkuppen und an den Zehen kleine Rillen, die einen ovalen Kreis bilden. Mit den Erhebungen der Rillen nehmen wir schon bei der geringsten Berührung Reize wahr, die an unser Nervensystem weitergeleitet werden. Außerdem sorgen die Rillen dafür, dass wir rutschige Gegenstände wie etwa ein Glas sicher festhalten können.

Die Anordnung der Wirbel, Gabelungen, Kreuzungen und Erhebungen der Rillen entwickelt sich bereits während der Schwangerschaft im Mutterleib. Und da das Rillenmuster maßgeblich vom Erbgut beeinflusst wird, ist es bei jedem Menschen anders. Deshalb gleicht zum Beispiel auch kein Fingerabdruck dem anderen.

Können Fische fliegen?

Es gibt tatsächlich Fische, die fliegen können. Zwar bewegen sie sich nicht so lange und so elegant durch die Lüfte wie Vögel, doch schaffen sie immerhin eine Strecke von bis zu 400 m. Die Fliegenden Fische, zu denen knapp 140 Arten gehören, leben in den wärmeren tropischen und subtropischen Meeren. Sie haben große und breite Brustflossen, mit denen sie durch die Luft gleiten.

Fliegende Fische schwimmen dicht unter der Wasseroberfläche. Wollen sie starten, schlagen sie kräftig mit der Schwanzflosse, bis sie Geschwindigkeiten von etwa 70 km/h erreicht haben. Dann schießen sie aus dem Wasser.

Aha! Übrigens können sich Fliegende Fische auch senkrecht in die Höhe katapultieren. Manche Arten springen so bis zu 8 m hoch.

Woher hat der **Flohmarkt** seinen Namen?

Der Flohmarkt verdankt seinen Namen tatsächlich den Flöhen. Die kleinen Insekten, die bis zu 1 m weit springen können und sich von Blut ernähren, nisten sich gerne in Anziehsachen ein. Als im 18. Jahrhundert in Paris die ersten Märkte stattfanden, auf denen vor allem gebrauchte Kleidungsstücke verkauft wurden, lauerten darin häufig Flöhe. Denn damals wuschen die Menschen weder sich selbst noch ihre Kleidung allzu häufig. Und die lästigen Insekten suchten sich neue Opfer und fanden sie auch, denn die Märkte waren gut besucht. Da viele Menschen nach einem Marktbesuch von Flöhen geplagt wurden, nannten sie die Märkte „Flohmärkte“.

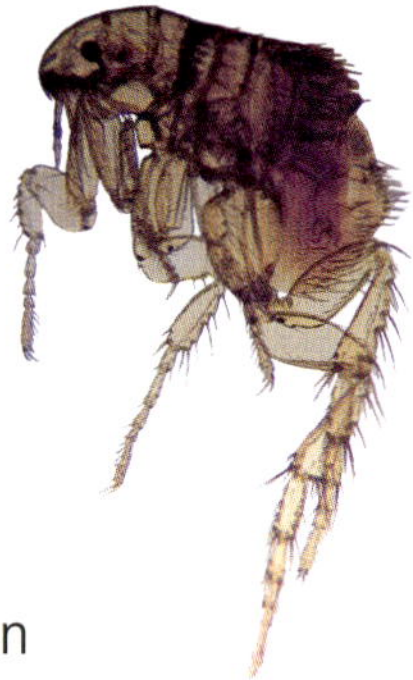

Wie macht ein Föhn heiße Luft?

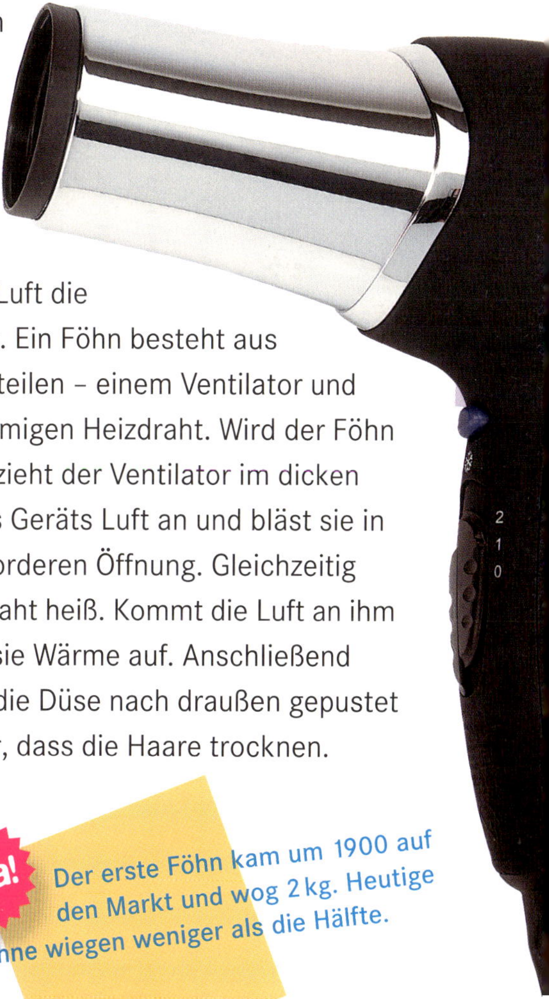

Wer mit nassen Haaren aus der Dusche kommt, greift häufig zu einem Föhn, der mit heißer Luft die Haare trocknet. Ein Föhn besteht aus zwei Hauptbauteilen – einem Ventilator und einem spiralförmigen Heizdraht. Wird der Föhn eingeschaltet, zieht der Ventilator im dicken „Hinterteil" des Geräts Luft an und bläst sie in Richtung der vorderen Öffnung. Gleichzeitig wird der Heizdraht heiß. Kommt die Luft an ihm vorbei, nimmt sie Wärme auf. Anschließend wird sie durch die Düse nach draußen gepustet und sorgt dafür, dass die Haare trocknen.

Aha! Der erste Föhn kam um 1900 auf den Markt und wog 2 kg. Heutige Föhne wiegen weniger als die Hälfte.

Warum gibt es **freitags** Fisch?

In vielen katholischen Familien wird freitags kein Fleisch gegessen. Nach dem Willen der Kirche soll auf diese Weise Jesu gedacht werden, der an einem Freitag, dem Karfreitag, am Kreuz gestorben ist. Früher gab es an diesem Tag auch keinen Fisch. Das jedoch behagte den Mönchen nicht, denn sie aßen ihn für ihr Leben gern. Also legten sie fest, dass nur Tiere, die an Land lebten, Fleisch seien und daher nicht verzehrt werden dürften. Fische hingegen lebten im Wasser, seien also auch kein Fleisch. Daher gab es in Klöstern freitags immer Fisch – und dieser Brauch hat sich bis heute in vielen Familien gehalten.

Aha! Einige Mönche aßen auch am Freitag Fleisch, nämlich das von Bibern. Die Tiere leben viel im Wasser und wurden deshalb als Fische betrachtet.

Warum **frieren** Mädchen leichter als Jungen?

Nicht nur im Winter frieren Mädchen häufig schneller als Jungen. Das liegt am unterschiedlichen Körperbau von Mann und Frau. Wärme wird durch die gute Durchblutung der Muskeln erzeugt – und davon haben Jungen deutlich mehr als Mädchen. Zudem ist die Haut von Jungen etwa 15 % dicker als die von Mädchen. Und da die Kälte durch die Haut in den Körper eindringt, hat sie es bei den Mädchen leichter. Schließlich sind Männer meist kräftiger gebaut als Frauen, sind also größer und breiter. Daher können sie mehr Körperwärme produzieren und speichern. Wenn man all dies zusammennimmt, dann haben Jungen deutlich bessere körperliche Voraussetzungen, um der Kälte zu trotzen, als Mädchen.

Wie trinken Frösche?

Frösche fressen zwar, aber sie trinken nicht. Dennoch brauchen sie genau wie alle anderen Lebewesen Flüssigkeit. Und die nehmen sie über ihre sehr dünne Haut auf. Sie hat eine feucht-schleimige Oberfläche, wird von feinen Blutgefäßen durchzogen und ist durchlässig. In trockener Umgebung wird die Froschhaut hart und undurchlässig, weshalb die Tiere außerhalb des Wassers stets feuchte Stellen aufsuchen. Viele Frösche leben in den tropischen Regenwäldern, darunter auch die sehr giftigen Pfeilgiftfrösche.

Die giftigsten Tiere

1	Pfeilgiftfrosch	Mittel- und Südamerika
2	Kugelfisch	Tropische Meere
3	Würfelqualle	Tropische und subtropische Meere
4	Blauring-Krake	Pazifik (Australien, Südostasien)
5	Plattschwanz-Seeschlange	Indischer und Pazifischer Ozean

Wenn der Frosch in einem Teich oder Bach unterwegs ist, nimmt er Wasser auf und speichert es in Lymphsäcken unter der Haut und in seiner Harnblase. Hat das Tier Durst, gelangt die Flüssigkeit aus diesen Speichern in den Körper.

Übrigens nehmen Frösche nicht nur Feuchtigkeit auf, sondern auch Sauerstoff. Dieser gelangt durch die vielen Blutgefäße in der Haut direkt ins Blut. Daher können Frösche sogar einige Minuten unter Wasser bleiben, obwohl sie keine Kiemen wie Fische haben, sondern Lungen wie Menschen.

Aha! Die kleinsten Frösche der Welt leben in Brasilien und sind gerade mal einen Zentimeter lang. Der größte Frosch kommt auf die 30-fache Länge – der Goliathfrosch, der in Afrika lebt.

Aßen die Gallier wirklich gern Wildschwein?

Auch wenn die berühmtesten Gallier, die Comic-Helden Asterix und Obelix, nach einem Abenteuer nichts lieber essen als einen leckeren Wildschweinbraten, haben die echten Gallier das Fleisch der Tiere nicht angerührt. Wildschweine galten nämlich als heilig. Ansonsten aßen die Gallier natürlich Fleisch – sie züchteten Schweine und Rinder, mochten aber auch Fisch.

Obwohl die Erfinder von Asterix und Obelix, die beiden Franzosen René Goscinny und Albert Uderzo, bei den Wildschweinen geflunkert haben, stimmen die meisten anderen Details in ihren Comics. Die Gallier machten tatsächlich den Römern das Leben schwer, und sie hatten Priester, die sie „Druiden“ nannten. Zaubertränke zum Starkwerden brauten sie allerdings nicht.

Wie rechnet man aus, wie weit ein **Gewitter** entfernt ist?

Wenn in der Ferne ein Donner grollt und die ersten Blitze am Himmel zucken, dann lässt sich ausrechnen, wie weit das Gewitter noch entfernt ist. Dafür muss man wissen, dass sich Licht schneller ausbreitet als Schall: 340 m pro Sekunde (Licht) im Vergleich zu 300 m pro Sekunde (Schall).

Nun geht's ans Kopfrechnen: Sobald der Blitz am Himmel zu sehen ist, die Sekunden bis zum Donner zählen. Dann die Zahl mal 340 nehmen und das Ergebnis durch 1000 teilen. Mal angenommen, zwischen Blitz und Donner liegen acht Sekunden. Dann gilt folgende Rechnung: 8 mal 340 ergibt 2720, geteilt durch 1000 macht 2,72. Das bedeutet, dass das Gewitter 2,72 km entfernt ist. Wer die Rechnung ein paar Minuten später wiederholt, kann feststellen, ob das Gewitter näher kommt oder sich entfernt.

Welches ist das teuerste **Gewürz** der Welt?

Das teuerste Gewürz der Welt ist Safran. Ein Kilo kostet mindestens 4000 Euro. Grund für diesen hohen Preis ist die mühsame und aufwendige Herstellung.

Safran wird aus dem Safrankrokus gewonnen, einer Pflanze, die im östlichen Mittelmeerraum und in Kleinasien verbreitet ist. Damit er gut gedeiht, braucht Safran viel Licht und Wärme. Für das Gewürz werden nur die orange-roten Stempelfäden aus den Blüten benötigt. Die Ernte erfolgt von Hand, kurz nach dem Öffnen der Blüten. Sobald diese dem Sonnenlicht ausgesetzt sind, verlieren sie an Aroma.

Die Blütenstempel werden getrocknet und zerkleinert. Für ein einziges Kilo Safran benötigt man zwischen 150 000 und 200 000 Blüten. Kein Wunder also, dass das leicht bitter schmeckende Gewürz so teuer ist.

Hauptsächlich wird es für Gebäck verwendet. Von Safran als Gewürz berichtet bereits die Bibel im Alten Testament, und zwar ihm Hohelied Salomons.

Übrigens ist Safran auch einer der ältesten Farbstoffe für Kleidung. Schon die alten Ägypter benutzten ihn, wie Mumienbinden in ihren Gräbern beweisen. Mit Safran gefärbte Gewänder waren bei Griechen und Römern begehrt, denn sie zeigten den Wohlstand ihrer Besitzer. Die chinesischen Kaiser trugen prachtvolle safrangelb gefärbte Gewänder, um damit ihre Macht auszudrücken.

Aha! Um die Entstehung des Safrans rankt sich eine Legende. Angeblich tötete der griechische Gott Hermes versehentlich einen wunderschönen Jungen. An jener Stelle, an der dessen Blut auf den Erdboden tropfte, soll die allererste Krokusblume gewachsen sein.

Warum bekommen manche Männer eine **Glatze?**

Jedem Menschen fallen bis zu 100 Haare am Tag aus. Das ist nicht allzu schlimm, denn zum einen haben wir durchschnittlich mehr als 100 000 Haare auf dem Kopf, zum anderen wachsen Haare auch wieder nach. Bei manchen Männern ist das jedoch anders – ihnen fallen sehr viel mehr Haare aus und es bilden sich auch keine neuen mehr. Grund dafür sind bestimmte Stoffe im Körper, die sogenannten Geschlechtshormone. Auf sie reagiert die Stelle unter der Kopfhaut, an der die Haarwurzel verankert ist und sich das Haar bildet, äußerst empfindlich. Es kommt zu Reaktionen, die dafür sorgen, dass das Haar abgestoßen wird.

Wo sitzt der Gleichgewichtssinn?

Das perfekte Zusammenspiel von winzig kleinen Härchen, Flüssigkeit, Nerven und Gehirn sorgt dafür, dass wir bei unseren Bewegungen nicht das Gleichgewicht verlieren. Der sogenannte Gleichgewichtssinn sitzt in unserem Ohr, und zwar in den Bogengängen im Innenohr. In den kleinen, kreisförmigen Röhren, die aussehen wie eine gebogene Brezel, befindet sich eine Flüssigkeit. In sie ragen wie Äste in einen Bach kleine Härchen hinein, die mit Nerven verbunden sind. Wenn sich der Mensch bewegt, tut das auch die Flüssigkeit in den Bogengängen. Natürlich bewegen sich die Härchen ebenfalls mit und geben dies an die Nerven weiter. Die wiederum melden das Geschehen an das Gehirn, das die Informationen zusammensetzt, die Bewegung des Körpers errechnet und ihn im Gleichgewicht hält.

Acht Fragen zu den Ländern d

1

Welche dieser Städte ist keine Hauptstadt?

a) London

b) Rio de Janeiro

c) Washington D.C.

2

Wie heißen die australischen Ureinwohner?

a) Aborigines

b) Inuit

c) Maya

3

Welche dieser Inseln gehört nicht zu Spanien?

a) Madeira

b) Mallorca

c) Teneriffa

4

Welches dieser Länder besteht aus mehreren Tausend Inseln?

a) Italien

b) Japan

c) Südafrika

Aha?

5

Wo liegt der höchste Wasserfall der Erde?

a) in China
b) in Kanada
c) in Venezuela

6

An wie viele Länder grenzt Deutschland?

a) fünf
b) neun
c) vierzehn

7

In welchem Erdteil liegt Israel?

a) in Afrika
b) in Asien
c) in Europa

8

Welches Meer gibt es tatsächlich?

a) Blaues Meer
b) Grünes Meer
c) Rotes Meer

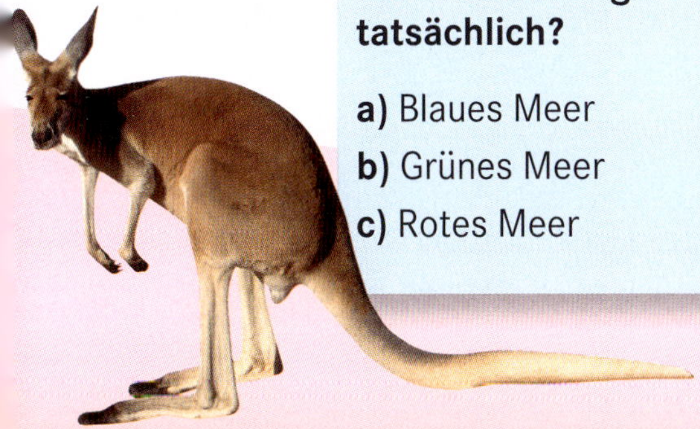

Sind Goldmedaillen wirklich aus Gold?

Für viele Sportler ist der schönste Moment in ihrem Leben, wenn ihnen bei der Siegerehrung der Olympischen Spiele eine Goldmedaille umgehängt wird. Aus purem Gold ist diese 150 g schwere Medaille jedoch nicht. Ihr größter Teil besteht aus Silber, das vergoldet wird – 144 g. Hinzu kommen nach den Regeln noch 6 g echtes Gold. Ganz anders verhält es sich bei der Silbermedaille. Sie besteht tatsächlich aus reinem Silber.

Aha! Die Vorderseite der olympische Medaille ist bei allen Spielen gleich: Sie zeigt die griechische Siegesgöttin Nike mit der Akropolis und dem historischen Olympiastadion. Die Rückseite wird für die Spiele alle 4 Jahre neu gestaltet.

Wo gab es die ersten Gummibärchen?

Die ersten Gummibärchen gab es in Deutschland, denn diese leckere Süßigkeit wurde von einem gewissen Hans Riegel aus Bonn erfunden. Seine Bärchen, zunächst „Tanzbären“ genannt, bestanden aus Zucker, Aroma- und Farbstoffen, Säuerungs- und Verdickungsmitteln.

Das genaue Rezept, das Riegel vor über 90 Jahren erfand, wird wie ein Geheimnis gehütet. Nur so viel ist bekannt: Die Zutaten werden erhitzt und so lange eingekocht, bis eine zähflüssige Masse entstanden ist. Diese wird dann in Bärenformen gegossen, die vorher mit Stärkepuder bestäubt wurden. Dieses sorgt dafür, dass sich die erstarrten Bärchen nach drei bis fünf Tagen problemlos aus der Form lösen lassen und nicht kleben bleiben. Damit sie schön glänzen, bekommen sie zum Abschluss noch einen hauchdünnen Überzug aus Bienenwachs.

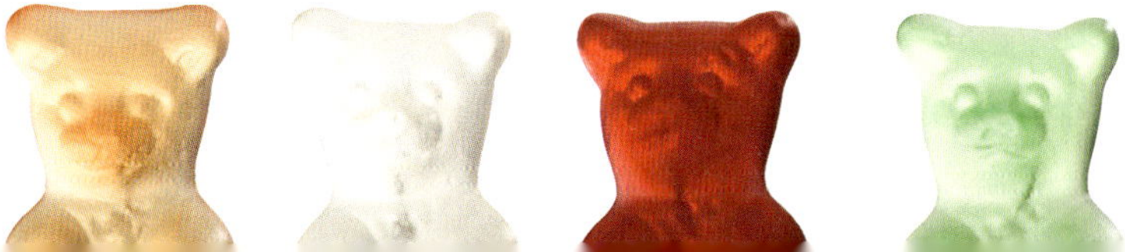

Wie alt wird ein Haar?

Im Allgemeinen wird ein menschliches Haar etwa sieben Jahre alt. Je nach dem Ort, an dem es wächst – beispielsweise auf dem Kopf, auf der Brust oder auf den Armen –, kann es auch älter bzw. nicht so alt werden. Schließlich wächst es nicht mehr weiter und fällt aus. Haare bilden sich in den sogenannten Haarfollikeln. Aus einem solchen Follikel können sich im Laufe eines Menschenlebens bis zu zwölf Haare entwickeln.

Übrigens wachsen Haare nicht schneller, nur weil sie häufiger geschnitten werden. Von Geburt an ist das Haarwachstum festgelegt und lässt sich nicht beeinflussen. Als Faustregel gilt, dass ein Kopfhaar im Jahr etwa 12 cm wächst, bei Jungen schneller als bei Mädchen. Dafür wird es bei einem Mann nur höchstens 50 cm lang, bei einer Frau dagegen bis zu 80 cm, dann fällt es aus.

Warum kräht der Hahn so früh am Morgen?

Wenn frühmorgens der Tag heranbricht, begrüßt ihn der Hahn auf dem Bauernhof mit lautem Krähen. Damit teilt er allen Hühnern mit, dass er noch da ist. Den anderen Hähnen zeigt er mit dem Krähen, dass er hier das Sagen hat.

Der Hahn verhält sich wie jeder andere Vogel auch, denn wer frühmorgens nach draußen lauscht, der hört dort kurz vor Sonnenaufgang viele Vögel zwitschern. Allerdings kann der Hahn nur krähen – und das ziemlich ausdauernd, denn er ist den größten Teil des Tages zu vernehmen. Erst am Nachmittag geht ihm allmählich die Puste aus, und er gibt Ruhe bis zum nächsten Morgen.

Greifen alle Haie Menschen an?

In den Weltmeeren leben etwa 500 verschiedene Haiarten, von denen nur einige wenige für Menschen gefährlich sind. Die meisten dieser Tiere kommen zudem nicht in Ufernähe.

Generell gilt, dass Menschen nicht auf dem Speiseplan von Haien stehen, denn die fressen viel lieber Fische und andere Meerestiere. Sie greifen Menschen nur dann an, wenn sie sich belästigt fühlen – etwa von einem Taucher, der sie aus Spaß an der Flosse packt. Manchmal irren Haie sich auch einfach. Einen Surfer greifen sie nur deshalb an, weil die Form des Surfbretts von unten an eine Robbe erinnert.

Übrigens sterben weitaus mehr Haie durch Menschen als umgekehrt. Pro Jahr fallen etwa zehn Menschen Haien zum Opfer, alle drei Sekunden aber verursachen Menschen den Tod eines Hais.

Welche Tiere halten sich Haustiere?

Kaum zu glauben, aber Ameisen halten sich Haustiere, und zwar Blatt- und Schildläuse. Sie haben für die kleinen Krabbler die gleiche Bedeutung, die Kühe für uns haben. Zwar geben die Läuse keine Milch, sondern aber Honigtau ab, einen süßen Saft, den die Ameisen lieben.

Läuse ernähren sich von Saft, an den sie gelangen, wenn sie die Pflanze anstechen. Sie nehmen jedoch viel mehr davon auf, als sie selbst verwerten können. Die übrig gebliebene Flüssigkeit scheiden die Läuse als Honigtau wieder aus.

Damit es ihren „Haustieren" auch gut geht und sie möglichst viel Honigtau abgeben, haben sich die Ameisen etwas einfallen lassen: Sie massieren den Läusen so lange den Hinterleib, bis sich dort ein feiner Tropfen Honigtau bildet.

Wie groß ist die **Haut** eines Menschen?

Ein Mensch hat rund 2 m^2 Haut; dies entspricht in etwa der Fläche der Matratze in deinem Bett. Die gesamte Haut eines Menschen wiegt bis zu 15 kg und ist damit sein schwerstes Organ.

Die Haut schützt uns vor äußeren Einflüssen wie Hitze und Kälte sowie gegen Stöße. Zudem verhindert sie das Eindringen von klitzekleinen Krankheitserregern. Da die Haut den Körper ganz umhüllt, bildet sie eine natürliche Grenze zwischen Innen- und Außenwelt. Sie ist das größte menschliche Sinnesorgan, denn wir fühlen und tasten mit der Haut, die dem Gehirn ständig die entsprechenden Informationen liefert.

Die Haut besteht aus drei Schichten. Die

äußere Schicht bildet die Oberhaut, die etwa 0,1 mm dick ist. An manchen, stark beanspruchten Stellen wie beispielsweise den Fußsohlen wird sie fünfmal so dick. Die Haut bildet sich alle vier Wochen komplett neu, das heißt die äußerste Schicht wird abgestoßen.

Unter der Oberhaut sitzt die Lederhaut, in der sich die Blutgefäße befinden und die als Wasserspeicher dient. Sie schützt etwa vor Unterkühlung und Stößen.

Unterste Schicht ist die Unterhaut. Sie besteht aus Fettgewebe, das als Wasserspeicher dient und unter anderem vor Unterkühlung schützt.

Ein Blick auf die Oberhaut zeigt bei genauem Hinsehen zwei unterschiedliche Muster. Der größte Teil des Körpers ist von einer Haut mit kleinen, rautenförmigen Mustern überzogen, das ist die „Felderhaut“. Eine andere Haut sitzt in den Handflächen sowie an den Fußsohlen. Sie wird „Leistenhaut“ genannt und ist an parallel verlaufenden Furchen zu erkennen.

Warum verlieren Bäume im **Herbst** ihre Blätter?

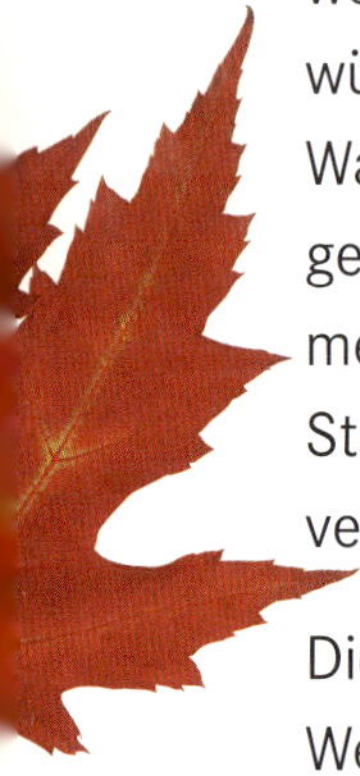

Laubbäume werfen im Herbst ihre Blätter ab, weil sie sonst den Winter nicht überstehen würden. Für Bäume ist die Versorgung mit Wasser überlebenswichtig. Im Winter jedoch gefriert der Boden häufig, sodass sie nicht mehr genügend Feuchtigkeit bekommen, um Stamm, Äste und Blätter gleichermaßen zu versorgen. Also werfen Bäume ihre Blätter ab.

Dieser Vorgang zieht sich einige Wochen hin. Wenn es draußen kälter wird, ziehen die Bäume sämtliche verwertbaren Stoffe aus den Blättern ab und speichern sie in Stamm und Wurzel. Nun bilden sie eine Trennschicht zwischen Zweig und Blattstiel, um die Wasserversorgung der Blätter nach und nach zu unterbinden. Dies führt dazu, dass die Blätter allmählich vertrocknen und ihre grüne Farbe verlieren. Sie nehmen die bunte Herbstfärbung an und fallen schließlich zur Erde.

Mögen Igel Milch?

Igel mögen Milch, können sie aber nicht verdauen. Deshalb sollte man einem Igel, der durch den heimischen Garten raschelt, niemals ein Schälchen Milch hinstellen. Wenn er sie zu sich nimmt, bekommt er Durchfall und wird krank. Am liebsten trinken Igel Wasser – das schadet ihnen auch nicht.

Eine weitere Annahme lautet, dass Igel gerne Nacktschnecken fressen, die für viele Pflanzen schädlich sind. Auch das stimmt nicht, denn die relativ langen Tiere sind ziemlich schleimig und schmecken bitter. Darauf verzichtet der Igel lieber. Er frisst höchstens mal kleinere Schnecken. Viel lieber aber futtert der Stachelhäuter Insekten. Auch bei faulem Obst sagt er nicht nein und knabbert daran.

Warum tragen manche **Inderinnen** einen Punkt auf der Stirn?

Inderinnen mit einem roten Punkt auf der Stirn wollen damit zeigen, dass sie verheiratet sind. Der Punkt, der den Namen „Bindi“ trägt, gilt als Glückssymbol. Bindi leitet sich von dem Sanskritwort „bindu“ ab, was so viel wie „Punkt“ oder „Tropfen“ heißt. Sanskrit ist die Sprache der Hindus, also der Menschen hinduistischen Glaubens. Verheiratete Frauen dürfen ihr Haus ohne Bindi nicht verlassen.

Mittlerweile sind Bindis als Körperschmuck in Mode gekommen und werden auch von unverheirateten Frauen und Mädchen getragen. Allerdings malen sie den Punkt häufig nicht mit roter Pulverfarbe auf, sondern kleben ihn auf die Haut. Diese Mode-Bindis gibt es in den unterschiedlichsten Formen und Farben, teils auch mit eingearbeiteten Glitzersteinen.

Warum fliegen Insekten immer zum Licht?

In warmen Sommernächten geben sich die unterschiedlichsten Insekten häufig an den Straßenlaternen ein Stelldichein. Das tun sie, weil sie das Licht für den Mond halten.

Insekten fliegen zwar im Dunkeln, brauchen dabei aber trotzdem Licht zur Orientierung. Daher benutzen sie den Mond als Orientierungspunkt, denn er ist die hellste natürliche Lichtquelle. Da er fest am Himmel zu stehen scheint, fliegen die Insekten im immer gleichen Winkel zu ihm und damit geradeaus.

Wenn ein Insekt nun eine Lampe sieht, ist diese plötzlich der hellste Orientierungspunkt. Da sie viel näher liegt als der Mond, die Tiere aber im gleichen Winkel fliegen, kommen sie dem Licht der Lampe immer näher.

Warum hat ein **Kaktus** Stacheln?

Die Stacheln dienen dem Kaktus als Schutz. Die blattlose Pflanze wächst in Wüsten und Steppen, also in Regionen, in denen es fast nie regnet. Daher können Kakteen in ihren Stämmen Wasser als Vorrat speichern. Doch auch die anderen Lebewesen in trockenen und heißen Regionen brauchen Wasser zum Leben. Daher könnten Tiere auf die Idee kommen, einen Kaktus zu fressen, weil sie hoffen, in ihm Wasser zu finden. Doch mit seinen Stacheln wehrt der Kaktus die Angreifer ab, denn jeder Biss in die Pflanze ist äußerst schmerzhaft.

Aha! Einige Kakteenarten tragen ein besonders dichtes Stachelkleid, das fast wie eine Behaarung aussieht. Damit schützen sie sich vor kaltem Wind und Sonneneinstrahlung.

Warum sind die Kanaldeckel auf der Fahrbahn rund?

Kanaldeckel, die sich in regelmäßigen Abständen auf der Fahrbahn befinden, sind nicht eckig wie am Rand, sondern rund. Diese Deckelform ist besonders stabil, denn auf der Straße rollen ständig schwere Autos darüber. Außerdem befinden sich unter dem Kanaldeckel runde Versorgungsleitungen, etwa Abwasserrohre. Und da niemand auf die Idee käme, auf eine runde Öffnung einen eckigen Deckel zu legen, sind auch die Deckel rund. Zudem kann ein runder Deckel beim Hochheben – wenn etwa die Rohre darunter gereinigt werden müssen – nicht in den Schacht fallen, denn der Deckeldurchmesser ist immer größer als derjenige der Öffnung.

Warum leuchten Katzenaugen im Dunkeln?

Wer durch die Nacht geht, hat sicher schon einmal die funkelnden grünen Augen einer Katze gesehen. Ihre Augen strahlen im Dunkeln Licht zurück.

Katzen sind meistens in der Nacht unterwegs. Daher sitzt im hinteren Teil ihres Auges eine spezielle Zellschicht, die wie ein Spiegel wirkt und das Licht zurückwirft und verstärkt. Wenn Licht einfällt, wird es von den Sinneszellen aufgenommen. Allerdings bleibt ein Rest übrig, mit dem sich der Vorgang wiederholt. Die Katze nutzt das Licht also doppelt. Da auch anschließend noch etwas Licht übrig ist, verlässt es die Augen der Katze und sorgt für das Funkeln.

Aha! Die Katze hat einen sehr guten Gehörsinn. Wenn sie etwas genau hören möchte, bleibt sie unbeweglich stehen, richtet ihre Ohren auf und dreht sie in die Richtung, in der sie ein Geräusch vermutet.

Übrigens kann eine Katze nur sehen, wenn es nicht ganz dunkel ist. Bei völliger Dunkelheit verlässt sie sich zur Orientierung auf Geräusche, Gerüche und ihre hochempfindlichen Schnurrhaare.

Einige andere Tiere, etwa Hunde, Rehe und Krokodile, haben ebenfalls diese spezielle Zellschicht im Auge. Menschen jedoch fehlt sie. Deshalb können wir im Dunkeln auch nicht so gut sehen wie Katzen. Denn wir brauchen ungefähr die sechsfache Lichtmenge, um genauso gut sehen zu können wie die Vierbeiner.

Wenn plötzlich eine größere Lichtmenge in das menschliche Auge fällt, wird dies von der Netzhaut rötlich reflektiert. Bestimmt hast du das schon einmal bemerkt. Denn dadurch entstehen auf Fotos die roten Augen.

Warum tragen Ärzte weiße Kittel?

Weiße Kittel lassen sich viel besser waschen als bunte oder schwarze, denn sie färben nicht. Und daher hat sich im Laufe der Zeit die Farbe Weiß bei Ärzten durchgesetzt.

Schon immer wollten Mediziner durch ihre Kleidung zeigen, dass sie vertrauenswürdig und zuverlässig sind. Daher trugen sie früher meist schwarze Sachen, die nur in die Wäsche kamen, wenn sie schmutzig waren. Im Laufe der Jahrhunderte zeigte sich jedoch, dass in der Luft unzählige Bakterien und Krankheitserreger unterwegs sind, die sich auch auf der Kleidung absetzen und so von Raum zu Raum getragen werden. Also wurde die Ärztekleidung sehr oft gewaschen – und sie färbte die andere Wäsche grau. Daher wich das Schwarz schon bald dem Weiß.

Warum kann man sich selbst nicht kitzeln?

Wenn dich ein Freund oder eine Freundin an einer empfindlichen Stelle kitzelt, ist das unangenehm und du musst lachen. Wer jedoch versucht, sich selbst zu kitzeln, dem passiert das nicht. Für diese unterschiedlichen Reaktionen ist das Gehirn verantwortlich.

Aus den unzähligen Reizen, mit denen der Mensch in jeder Sekunde überflutet wird, wählt es nur die wichtigen aus. Den anderen Reizen schenkt es kaum Beachtung. Und zu ihnen gehört das Kitzeln mit der eigenen Hand, denn das Gehirn geht davon aus, dass niemand sich selbst Schaden zufügen wird. Und es weiß ja schon, wo und wie stark sich jemand kitzeln wird.

Aha! Im Mittelalter gehörte das Kitzeln zu den Foltermethoden. Die meisten Opfer starben an Überanstrengung, weil sie zu viel lachen mussten.

Wer erfand den Klammeraffen?

Das Symbol @, das heute jeder Computernutzer kennt, stammt aus dem Mittelalter. Den Vorläufer lieferte vermutlich ein Mönch, der nicht so häufig das lateinische Wort „ad“, das „zu“ oder „an“ bedeutet, schreiben wollte. Also zog er „a“ und „d“ zu einem Buchstaben zusammen, der dem heutigen @ schon recht ähnlich sah.

Ein paar Jahrhunderte später schaffte es der merkwürdige Kringel auf die Tastaturen von Schreibmaschinen, wo er anstelle von „an“ oder „bei“ getippt wurde. Inzwischen ist das Zeichen aus der Computerwelt nicht mehr wegzudenken. Es steht als Bindeglied in E-Mail-Adressen und bedeutet dort ebenfalls in etwa „bei“.

Warum klappert die Klapperschlange?

Alle 29 Klapperschlangenarten haben eine grün-gelbliche bis braun-schwarze Färbung, mit der sie sich perfekt an ihre Umwelt anpassen können und kaum zu erkennen sind. Fühlt sich eine Klapperschlange gestört, versteckt sie sich zunächst unter Steinen, im Gebüsch oder im hohen Gras. Wenn sie dennoch ein Verfolger stellt, rollt sie sich zusammen und gibt ein rasselndes Geräusch von sich, das an ein Klappern erinnert. Die Giftschlange erzeugt es mit Hornschuppen an ihrer Schwanzspitze. Dies ist die letzte Aufforderung zum Rückzug!

Aha! Die Giftzähne der Klapperschlange sitzen am vorderen Ende des Oberkiefers. Im Ruhezustand werden sie nach hinten eingeklappt.

Wie entsteht ein vierblättriges **Kleeblatt?**

Vierblättrige Kleeblätter sind äußerst selten und sollen Glück bringen. Daran glauben die Menschen schon seit vielen Jahrhunderten. Der Legende nach hat Eva das erste vierblättrige Kleeblatt im Paradies gefunden.

Üblicherweise hat Klee nur dreiblättrige Blätter. Wenn er doch einmal ein vierblättriges Blatt bildet, dann liegt das zumeist an einem Wachstumsfehler, es handelt sich also um eine Missbildung. Auch Umwelteinflüsse wie extreme Temperaturen können für vierblättrige Blätter sorgen.

Übrigens haben auch dreiblättrige Kleeblätter eine symbolische Bedeutung. Im Christentum verweisen sie auf die Einheit von Gott Vater, Sohn und Heiligem Geist.

Was ist in der Kokosnuss?

Wer vermutet, dass sich in der Kokosnuss Kokosmilch befindet, der wird eine Überraschung erleben, wenn er ein frisches Exemplar vor dem Knacken an der Unterseite anbohrt. Es läuft nämlich keine Milch, sondern eine fast klare Flüssigkeit heraus. Dabei handelt es sich um Kokoswasser, das in vielen Ländern getrunken wird. Es schmeckt leicht süßlich, ähnelt allerdings überhaupt nicht der Kokosmilch, die es in Dosen im Supermarkt zu kaufen gibt. Diese Kokosmilch wird aus püriertem weißem Fruchtfleisch und Wasser hergestellt.

Aha! Kokosnüsse sind vielseitig verwendbar. Das Kokoswasser wird getrunken, das Fruchtfleisch gegessen und aus den harten Schalen können etwa Trinkgefäße, Schalen und Schüsseln hergestellt werden.

Acht Fragen zu den **Pflanzen.**

1 **Welche dieser Pflanzen gehört zu den fleischfressenden Pflanzen?**

a) Sonnenblume
b) Sonnenkraut
c) Sonnentau

2 **Welches Gewürz kommt von einer Orchideenpflanze?**

a) Kümmel
b) Pfeffer
c) Vanille

3 **Zu welchem Obst gehört die Schattenmorelle?**

a) Aprikosen
b) Kirschen
c) Pflaumen

4 **Wie hoch werden Mammutbäume?**

a) rund 30 m
b) rund 50 m
c) rund 90 m

Aha?

5

Rote Rosen sind ein Symbol für ...?

a) Gesundheit

b) Liebe

c) Verschwiegenheit

6

Welche Kaktusfrucht gibt es tatsächlich?

a) Kaktusbeere

b) Kaktusfeige

c) Kaktusnuss

7

Welchen Kohl gibt es nicht?

a) Gelbkohl

b) Grünkohl

c) Rotkohl

8

Welche Nuss ist eine Bohne?

a) Erdnuss

b) Haselnuss

c) Walnuss

Wann piepsen **Küken** zum ersten Mal?

Kaum zu glauben, aber Küken geben ihre ersten Piepslaute bereits von sich, bevor sie das Licht der Welt erblicken. Schon im Ei nehmen sie Kontakt zu ihrer Mutter auf. Allerdings verläuft das „Gespräch“ einseitig, denn meistens beschwert sich das Küken. So teilt es seiner Mutter mit, dass es ihm zu kalt ist und sie sich wieder auf das Ei setzen soll. Oder aber der Nachwuchs möchte mal in einer anderen Position liegen und fordert die Henne piepsend auf, das Ei etwas zu drehen. Übrigens verständigen sich die Küken auch mit ihren Geschwistern in den anderen Eiern. Wenn dann alle geschlüpft sind, erkennen sie einander am Piepsen.

Wie schnell ist eine **Lawine?**

Auf dem Weg ins Tal wächst eine Lawine gewaltig an – ähnlich wie ein Schneeball, der zu einer großen Kugel wird, wenn du ihn durch den Garten rollst. Wie schnell eine Lawine wird, hängt in erster Linie davon ab, woraus sie besteht, also aus Schnee, Geröll oder Staub. Zudem spielt es eine Rolle, wie der Hang beschaffen ist, den sie herabsaust. Eine Lawine aus Nassschnee kann bis zu 70 km/h schnell werden, eine aus Trockenschnee etwa doppelt so schnell. Doch das ist nichts gegen eine Staublawine, also ein Gemisch aus Schnee und Luft, denn die rast mit 250 bis 300 km/h ins Tal. Auf ihrem Weg reißt sie alles um, was ihr im Weg steht.

Welches ist das größte Lebewesen der Welt?

Das größte Lebewesen ist ein Pilz, der auch in unseren Breiten vorkommt: der Hallimasch. Er wächst im Wald vorwiegend an Baumstümpfen, verdeckten Wurzeln und an Bäumen, von denen er sich ernährt. Da wir von einem Pilz nur Hut und Stiel, den Fruchtkörper, sehen, gerät leicht in Vergessenheit, dass der größte Teil von ihm unterirdisch lebt und dort ein ausgedehntes Fadengeflecht, das Myzel, bildet.

In einem Wald im US-Bundesstaat Oregon entdeckten Forscher einen Hallimasch, dessen Myzel sich über 9 km^2 erstreckt, das entspricht der Fläche von 1200 Fußballfeldern. Damit ist er das größte Lebewesen der Welt.

Im Reich der Lebewesen bilden Pilze ein eigenes Reich. Sie ernähren sich von totem organischem Material, das sie zersetzen und für sich verwerten. Der Hut, den es in den unterschiedlichsten Farben und Formen gibt, ist für die Vermehrung äußerst wichtig. In ihm bilden sich Sporen. Ist der Pilz reif, wölbt sich sein Hut nach oben, platzt auf und die federleichten Sporen werden vom Wind verbreitet.

Zu den auffälligsten Pilzen gehört der Fliegenpilz. Seine leuchtend rote Huthaut mit den weißen Tupfen sieht weit schöner aus als der bräunlich bis honiggelb gefärbte Hallimasch. Früher wurden Stücke des Fliegenpilzes in Milch gelegt, um Fliegen anzulocken. Da es sich um einen Giftpilz handelt, starben die Insekten, wenn sie an der Milch genippt hatten. Aber auch für Menschen ist der Fliegenpilz giftig. Der Hallimasch hingegen kann gekocht gegessen werden, auf keinen Fall aber roh. Dann ist auch er giftig.

Aha! Trüffel sind die teuersten Pilze der Welt. 1 kg kostet bis zu 5000 Euro. Die knollenförmigen Pilze wachsen vollständig unter der Erde und werden meist von weiblichen Schweinen aufgespürt. Ihr Duft erinnert sie an den Geruch von männlichen Schweinen, den Ebern.

Wie funktioniert ein Leuchtturm?

Leuchttürme sollen Schiffen an wichtigen oder gefährlichen Stellen den Weg weisen und helfen dem Kapitän bei der Orientierung. Häufig stehen Leuchttürme in Küstennähe und an Hafeneinfahrten. Sie müssen sehr hoch sein, damit sie schon von Weitem zu sehen sind.

Das Licht leuchtet unterschiedlich lang und in mehreren Farben auf. Anhand dieser Signale kann der Kapitän die Leuchttürme zuordnen und weiß, wo sie stehen und worauf sie aufmerksam machen – etwa auf eine Felsküste.

In der Spitze des Leuchtturms befinden sich sehr helle Lampen und spezielle Spiegel, die den Lichtstrahl verstärken. Auf diese Weise ist ein Leuchtturm über 40 km weit zu sehen. Übrigens gibt es an Land nicht nur Leuchttürme aus Beton und Stahl, sondern auch sogenannte Leuchtfeuer in hohen Gebäuden. Schwimmende Leuchtbojen und Feuerschiffe geben auf offenem Meer Signale. Feuerschiffe sind tatsächlich Schiffe, die auch unbemannt sein können. Sie liegen an einer bestimmten Stelle fest vor Anker.

In früheren Zeiten verwendeten die Menschen einfache Fackeln, um den Schiffen Zeichen zu geben. Später wurden daraus offene Feuer, etwa in einer Schale oder als eine Art „Lagerfeuer“, schließlich verwendete man Gaslampen. Seit der Erfindung der Elektrizität werden Leuchttürme mit Strom betrieben.

Die höchsten Leuchttürme

1	Yokohama	Japan	108 m
2	Lilia/Plouguerneau	Frankreich	82,5 m
3	Genua	Italien	77 m
4	Campen	Deutschland	65 m

Funktioniert ein Lügendetektor wirklich?

Es wäre faszinierend, wenn man jemanden nur an ein Gerät anschließen müsste, um herauszufinden, ob er lügt. Allerdings ist das nicht so einfach. Zwar gibt es Lügendetektoren, doch ob deren Ergebnis tatsächlich einen Lügner überführt, ist eher Glaubenssache.

Bei einem Test wird eine Person an Sensoren (elektronische Fühler) angeschlossen. Während des „Verhörs“ messen diese den Atemrhythmus, den Herzschlag, die Durchblutung sowie Veränderungen der Pupille. Einige Wissenschaftler gehen davon aus, dass der Körper verrät, wann jemand lügt, denn dann bekommt er richtig Stress. Dieser äußert sich etwa durch Schwitzen oder einen schnelleren Herzschlag als normal. Allerdings könnte jemand auch schon allein deshalb Stress bekommen, weil er verhört wird und diese Situation sehr angespannt erlebt.

Was befindet sich auf dem **Magnetstreifen** einer Bankkarte?

Auf der Rückseite einer Bankkarte, mit der man zum Beispiel Geld abheben oder Kontoauszüge ausdrucken kann, befindet sich ein etwa 1 cm breiter dunkler Magnetstreifen, der sich über die gesamte Karte zieht. Der Streifen besteht aus winzigen magnetischen Teilchen, die eine Fülle von Informationen speichern.

Der Magnetstreifen hat drei unsichtbare Spuren – die erste ist leer, in der zweiten stehen die Nummer und die Gültigkeitsdauer der Karte. In der dritten Spur werden die Kontonummer und die Kennnummer der Bank, also die Bankleitzahl, gespeichert. Mittlerweile enthalten viele Karten auf der Vorderseite auch einen meist goldfarbenen Mikrochip, auf dem sich weitaus mehr Informationen festhalten lassen.

Was geben die Punkte des Marienkäfers an?

Viele Kinder glauben, anhand der Punkte könnten sie erkennen, wie alt ein Marienkäfer sei. Doch das stimmt nicht, ein Marienkäfer bekommt nicht für jedes neue Lebensjahr einen Punkt hinzu. Dann müssten manche der Käfer 24 Jahre alt werden, doch sie erreichen meist nur ein Alter von etwa zwölf Monaten.

Marienkäfer kommen mit einer bestimmten Anzahl von Punkten auf die Welt. Bislang sind höchstens 24 bekannt, es gibt aber auch Marienkäfer ganz ohne Punkte. Mitunter werden die Insekten auch nach der Punktanzahl benannt, etwa der in Deutschland weitverbreitete Siebenpunkt-Marienkäfer. Die Punkte geben also keinerlei Informationen, sie gehören einfach nur zur Färbung.

Sind Maulwürfe blind?

Maulwürfe haben ausgezeichnete Sinne. Mit den Tasthaaren an ihrer empfindlichen Schnauze finden sie sich nicht nur mühelos unter der Erde zurecht, sondern nehmen auch kleinste Erschütterungen wahr. Ein ausgezeichnetes Gehör sorgt dafür, dass die Tiere sogar eine Insektenlarve in ihren Gängen hören können. Nur die kleinen Augen, die wie Stecknadelköpfe im dichten Maulwurfsfell verborgen liegen, sind nicht die besten – sie können nur zwischen hell und dunkel unterscheiden. Und das reicht dem Maulwurf auch, denn mit ihnen findet er immer zum Ausgang. Und wenn er gräbt oder in einer unterirdischen Kammer schläft, ist es ohnehin dunkel.

Warum gibt es kein Katzenfutter, das nach **Maus** schmeckt?

Katzen fressen gerne Mäuse, denn sie enthalten eigentlich alles, was eine Katze zur Ernährung braucht. Wenn man jedoch Katzenfutter mit Mäusegeschmack herstellen wollte, müsste man die Mäuse züchten und halten wie Nutztiere, also wie Rinder und Schweine. Auf diese Idee ist bis heute noch niemand gekommen, weil es zu aufwendig wäre. Zudem übertragen Mäuse auch Parasiten und Würmer. Daher werden in erster Linie Abfälle aus der Fleisch- und Fischproduktion zu Katzenfutter verarbeitet.

Warum leuchtet manchmal das Meer?

Wenn sich der Mondschein auf der Meeresoberfläche spiegelt, dann taucht er sie in ein funkelndes Licht. Mitunter jedoch leuchtet das Meer bläulich oder grünlich. Dafür sorgt nicht der Mond, sondern winzigkleine Lebewesen senden ihre Leuchtsignale aus.

Bei diesen Kleinstlebewesen handelt es sich vorwiegend um Geißelalgen, eine Algenart, die sich massenhaft vermehren kann, insbesondere in verschmutzten Gewässern. Dabei geben die Tiere Licht ab und beleuchten die Wasseroberfläche von unten. Das Leuchten ist für die Geißelalgen überlebenswichtig, denn damit locken sie Fische an. Diese fressen alle Kleinkrebse in der Nähe, die sonst die Algen vertilgen würden.

Schmecken Meeresfrüchte süß?

Da es sich bei Meeresfrüchten nicht um Obst handelt, schmecken sie auch nicht süß. Als Meeresfrüchte werden alle essbaren Tiere aus dem Meer bezeichnet, die keine Wirbeltiere, also etwa Fische, oder Meeressäuger, zum Beispiel Delfine oder Wale, sind. Es handelt sich unter anderem um Muscheln, Tintenfische, Garnelen, Krabben und Hummer. Viele dieser Meeresfrüchte stehen vor allem in den Ländern rund ums Mittelmeer auf dem Speiseplan, weil die Tiere dort leben. In der deutschen Nord- und Ostsee gibt es weit weniger Meeresfrüchte; in erster Linie leben dort Krabben und Miesmuscheln.

Schon die alten Römer betrachteten die Meeresfrüchte als etwas besonders Leckeres und glaubten, sie seien ein Geschenk der Meeresgötter. So fand etwa die Muschel Eingang in die Mythologie: Die römische Göttin der Liebe und der Schönheit entsteigt einer Muschel. Auch im Christentum besitzt eine Muschel eine besondere Bedeutung – die Jakobsmuschel, die als Zeichen der Pilger gilt.

Zu den Meeresfrüchten gehören auch die wohl intelligentesten Meerestiere, die Tintenfische. Sie sind äußerst lernfähig. In wissenschaftlichen Versuchen ist es ihnen sogar gelungen, die Deckel von Gläsern zu öffnen.

Aha! Die größten Muscheln der Welt sind die Riesenmuscheln. Sie können bis 140 cm lang und 10 cm dick werden. Wer sie heben möchte, muss viel Kraft haben, denn sie wiegen annähernd 200 kg.

Wie wird **Milch** haltbar gemacht?

Milch wird erhitzt, um sie haltbar zu machen. Die hohen Temperaturen töten schädliche Krankheitserreger ebenso ab wie Milchsäurebakterien, die dafür sorgen, dass die frische Milch schnell verdirbt. Das Fachwort für dieses Verfahren heißt „Pasteurisieren" und verweist auf den französischen Chemiker Louis Pasteur, der es vor rund 150 Jahren entwickelte.

Wie lange die Milch erhitzt wird, hängt von der angewendeten Methode ab. Bei der Kurzzeiterhitzung wird die Milch 15 bis 30 Sekunden lang auf eine Temperatur von 71 ° bis 74 °C gebracht. Dann ist sie im Kühlschrank fünf bis sieben Tage haltbar. Bei der Ultrahocherhitzung wird die Milch eine Sekunde lang auf 131 ° bis 140 °C gebracht. Anschließend hält sie sich bei Zimmertemperatur vier Wochen lang. Ultrahocherhitzte Milch steht als „H-Milch" in den Regalen der Supermärkte.

Was rauscht in einer Muschel?

Wer das Gehäuse einer leeren Schneckenmuschel ans Ohr hält, der vernimmt ein Rauschen. Mit ein wenig Fantasie erinnert es an das Hin-und-Her-Schwappen der Wellen am Strand.

Doch in der Muschel ist kein Wasser zu hören, sondern das Geräusch der Luft, die sich darin befindet. Auch der Wind und das Meer in der Nähe machen Geräusche, deren Töne ebenfalls hin- und herschwingen und durch die Muschel noch verstärkt werden. Und schon entsteht ein Rauschen. Da jedes Muschelgehäuse anders geformt ist, klingt keine Muschel wie die andere.

Wie entsteht Muskelkater?

Wenn du lange keinen Sport mehr getrieben hast und dann sofort versuchst, Höchstleistungen zu bringen, wirst du am nächsten Tag mit schmerzenden Gliedern aufwachen: Du hast Muskelkater, und jede Bewegung tut weh.

Muskeln sind aus vielen Tausend Zellen aufgebaut, den Muskelfasern. Wenn du etwa den Arm anziehst, verkürzen sich die Fasern und der Muskel zieht sich zusammen. Die Zellen bilden Bündel, die jeweils von einer Schicht aus Bindegewebe umhüllt sind. Werden Muskeln längere Zeit gar nicht belastet, dann aber plötzlich sehr stark, kommt es zu einer Überlastung. In den Fasern entstehen feine Risse, durch die Flüssigkeit aus dem umliegenden Gewebe in den Muskel eindringt. Er schwillt an und wird gedehnt. Und das schmerzt!

Wie oft am Tag beten **Muslime?**

Der Überlieferung nach bestimmte der Prophet Mohammed, dass Muslime fünfmal am Tag beten sollen. Und er legte auch die Gebetszeiten fest: morgens bei Sonnenaufgang, mittags, nachmittags, abends bei Sonnenuntergang und zur Nacht. Im Allgemeinen macht ein Gebetsausrufer, der Muezzin, die Gläubigen auf die Zeiten aufmerksam.

Auf Arabisch heißt das Gebet „Salat". Es besteht aus mehreren Teilen, die in unterschiedlichen Körperhaltungen gesprochen werden. Beim Beten dreht sich der Gläubige stets in Richtung der heiligen Stadt Mekka in Saudi-Arabien. Die Muslime beten dort, wo sie sich gerade aufhalten.

Aha! Neben dem Gebet (Salat) zählen das Glaubensbekenntnis (Schahada), die Almosensteuer (Zakat), das religiöse Fasten (Saum) und die Pilgerfahrt nach Mekka (Hadsch) zu den „fünf Säulen" des Islam, den Grundpflichten für Muslime.

Warum haben Hasen so lange **Ohren?**

Hasen haben so lange Ohren, damit sie besser hören. Die schnellen Nager können nämlich nicht so gut sehen. Zudem verstellen etwa dem Feldhasen in freier Natur Gras und Gestrüpp die Sicht. Also muss sich das Tier vor allem auf sein Gehör verlassen. Und da hat es der Feldhase gut getroffen, denn seine Ohren mit den großen Ohrmuscheln sind länger als sein Kopf. Je größer die Ohrmuschel, desto besser kann er Geräusche wahrnehmen.

Hasen verfügen aber noch in anderer Hinsicht über besondere Ohren, denn diese lassen sich einzeln bewegen. Hat ein Hase etwas gehört, dreht er sein Ohr schnell in die entsprechende Richtung und lauscht. Wenn er meint, Gefahr sei im Anmarsch, macht er sich blitzartig aus dem Staub.

Bei einem solchen Sprint gerät der Hase schnell ins Schwitzen. Also reguliert er seine Körpertemperatur mit den Ohren. Wenn ihm zu heiß wird, pumpt er viel warmes Blut in die Adern im Ohr. Die Ohrhaut ist sehr dünn, sodass die Wärme des Blutes gut nach außen entweichen kann und das Blut im Ohr gekühlt wird. Da es anschließend durch den gesamten Körper fließt, wird dem Hasen schnell wieder kühler. Ein weiterer Trick zur Abkühlung besteht darin, die Löffel, wie Hasenohren genannt werden, einfach in den Wind zu halten. Wegen der dünnen Ohrhaut kühlt das Blut dann noch schneller ab.

Aha! In vielen Märchen heißt der Hase „Meister Lampe“. Diesen Namen verdankt er der Eigenart, beim Wegrennen sein helles Hinterteil deutlich sichtbar in die Luft zu heben. Wenn er sich nun entfernt, sieht es bei jeder Bewegung so aus, als würde eine Lampe aufleuchten.

Acht Fragen zum Menschen.

1 **Der Neandertaler wurde gefunden in der Nähe von ...?**

a) Düsseldorf
b) Rom
c) Wien

2 **Wie viele Knochen hat ein Erwachsener?**

a) 26
b) 112
c) 206

3 **Wie oft schlägt das menschliche Herz am Tag?**

a) etwa 1000-mal
b) etwa 10 000-mal
c) etwa 100 000-mal

4 **Welches dieser Organe kommt zweimal im Körper vor?**

a) Herz
b) Leber
c) Niere

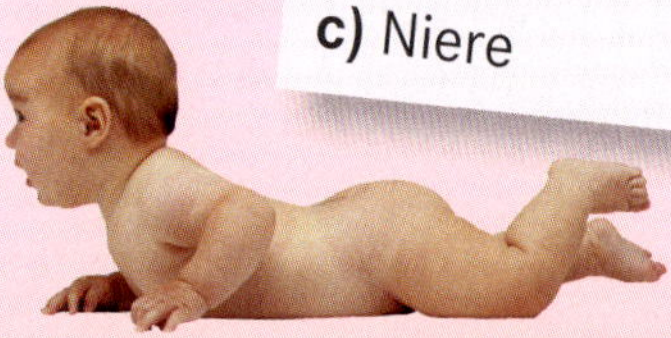

Aha?

Wie viele Milchzähne haben wir?

a) 16
b) 20
c) 28

6 Welches ist der stärkste Muskel im menschlichen Körper?

a) der Brustmuskel
b) der Kaumuskel
c) der Oberarmmuskel

7 Wer kann besser schmecken?

a) ein Säugling
b) ein Erwachsener

8 Welche Aussage über das Blut ist falsch?

a) Männer haben mehr Blut als Frauen.
b) Es gibt fünf Blutgruppen.
c) Blut transportiert Sauerstoff.

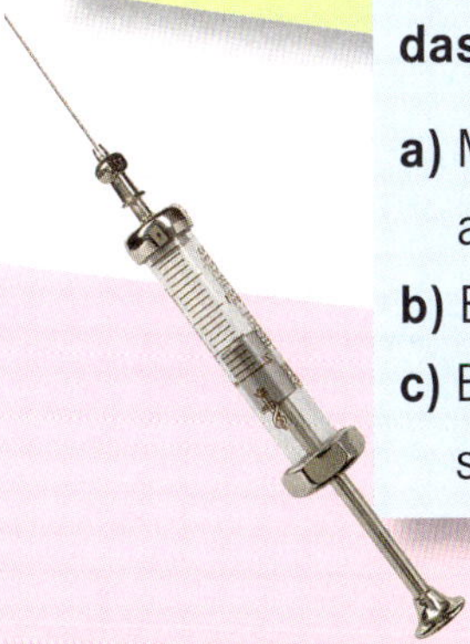

Brauchen wir eigentlich **Ohrenschmalz?**

Immer wieder setzt sich in der Ohrmuschel eine bräunlich gelbe Masse ab, Ohrenschmalz. Doch auch wenn es eklig aussieht und nicht gerade angenehm riecht, hat es einen Nutzen. Das Ohrenschmalz schützt das Ohr vor Staub, Schmutz oder sonstigen Fremdkörpern. Zudem verhindert es, dass sich Bakterien und Insekten darin einnisten. Und es enthält Stoffe, die Krankheitserreger abtöten.

Kleine Drüsen im Ohr bilden das Ohrenschmalz. Anschließend sorgen feine Härchen dafür, dass es von innen nach außen transportiert wird, wo es sich dann absetzt.

Aha! Ohren sollten nur äußerst vorsichtig mit Wattestäbchen gereinigt werden. Wer zu fest drückt, drückt das Ohrenschmalz ins Ohr. Wer zu viel reinigt, entfernt das schützende Schmalz.

Darf man beim Arzt auch „Ooh“ sagen?

Wohl jeder hat schon einmal diese Aufforderung des Arztes vernommen: „Bitte den Mund weit aufmachen und ‚Aah‘ sagen!“ Dann nimmt der Arzt ein Holzstäbchen, drückt damit die Zunge herunter und schaut in die Mundhöhle und in den Rachen. Dort kann er zum Beispiel sehen, ob der Hals oder die Mandeln gerötet sind.

Wenn der Arzt seinen Patienten auffordern würde „Ooh“ zu sagen, hätte er keinen freien Blick in den Hals. Denn bei diesem Laut ist der Mund nicht vollständig geöffnet, ebenso bei „Iih“ oder „Uuh“. Bei „Mmh“ ist er sogar vollständig verschlossen. Nur bei dem Laut „Aah“ musst du den Mund ganz weit aufmachen, was sich leicht vor einem Spiegel ausprobieren lässt.

Woher kam das erste Papier?

Wer das Papier erfunden hat, weiß heute niemand mehr. Das älteste Dokument, in dem die Papierherstellung beschrieben wird, stammt von einem Chinesen namens Tsai Lun und ist fast 2000 Jahre alt. Er kochte einen Brei aus Maulbeerbaumrinde, Hanf und den Resten alter Fischernetze. Anschließend gab er die Masse auf Bambusmatten und trocknete sie auf flachen Steinen. Schon bald stellten auch viele andere Chinesen Papier her. Nach Europa kam es erst etwa 1000 Jahre später, im 11. Jahrhundert.

Vorläufer des Papiers war das Papyrus, das die alten Ägypter erfanden und aus der Sumpfpflanze Cyperus Papyrus herstellten. Nach der Ernte entfernten sie das Innere des Pflanzenstängels, das Mark, schnitten es in dünne Streifen und legten diese eng aneinander. Darüber legten sie quer eine zweite Schicht.

Anschließend deckten sie das Mark mit einem Tuch ab und klopften so lange mit einem Stein darauf, bis sich die Schichten miteinander verbunden hatten und ein festes Blatt entstanden war. Dieses wurde mehrere Tage lang getrocknet und anschließend noch einmal glatt gestrichen. Nun konnte darauf geschrieben werden. Reichte ein Blatt nicht aus, wurden mehrere Blätter mit einer Paste aus Mehl aneinandergeklebt. Das fertige Schriftstück wurde gerollt.

Aha! Da sie als Erste Papier hatten, bauten die Chinesen auch die ersten Papierflieger. Den Rekord für den längsten Papierfliegerflug hält allerdings ein Amerikaner. Sein Flieger flog über 58 m weit.

Wie viel verdient der Papst?

Ein Papst verdient nichts, bekommt also nicht wie ein normaler Arbeiter oder Angestellter ein monatliches Gehalt. Für alles, was das Oberhaupt der katholischen Kirche braucht, also vor allem Kleidung und Essen, sorgt der Vatikan. Der Papst ist auch das Oberhaupt dieses Kleinstaats in Rom.

Trotzdem verdient der Papst Geld. Wenn er etwa ein Buch schreibt, dann kann er über das Geld, das er dafür bekommt, persönlich verfügen. Und der Papst behält auch sein Vermögen, das er vor seiner Wahl angesammelt hat. Häufig jedoch spenden Päpste ihr privates Geld für wohltätige Zwecke. Denn eigentlich haben sie alles, was sie brauchen.

Wo stand die erste **Parkuhr?**

„Black Mary“, so nannten die Amerikaner die erste Parkuhr der Welt, die 1935 in Oklahoma City aufgestellt wurde. Die Stadt brauchte Geld, und einer der Stadtoberen schlug vor, dass die Autofahrer für das Parken am Straßenrand bezahlen sollten. Also gründete er eine Firma, die Parkuhren herstellte. Schon bald gab es in Oklahoma City 150 „schwarze Marias“.

Sie hatten einen Schlitz, in den man das Geld für die gewünschte Parkzeit einwerfen musste. Eine Art Zifferblatt zeigte sie deutlich sichtbar an. Das Laufwerk einer Uhr schob den Zeiger jede Minute ein Stück weit zurück, bis die Zeit abgelaufen war.

Aha! Die ersten Parkuhren in Deutschland standen im Ruhrgebiet. Die Stadt Duisburg führte sie 1958 ein.

Hat ein Passagierflugzeug Fallschirme an Bord?

Ein Passagierflugzeug hat keine Fallschirme an Bord, weil sie nichts nutzen würden. Als gefährlichste Phasen beim Fliegen gelten Start und Landung – deshalb sind dann sowohl Passagiere als auch Besatzung angeschnallt. Wenn das Flugzeug nun in eine schwierige Situation geriete, könnte niemand den Passagieren beim Anlegen der Fallschirme helfen. Zudem fliegt das Flugzeug noch oder schon wieder in geringer Höhe, sodass man gar nicht abspringen könnte. Die Zeit zum Öffnen des Fallschirms würde nicht reichen. Zudem stünden sich die vielen Passagiere im Weg.

Wenn ein Flugzeug hoch oben am Himmel fliegt und plötzlich in den Sturzflug geht, könnte niemand abspringen. Die Luft wirkt wie eine Wand und würde jeden, der es versucht, in die Maschine zurückdrücken. Daher haben nur Piloten von Düsenjägern Fallschirme. Sie katapultieren sich in einer Notsituation mit einem Schleudersitz aus der Maschine und schweben dann am Fallschirm langsam Richtung Erdboden.

Der erste Fallschirmspringer der Geschichte, der Franzose Louis-Sébastien Lenormand, testete seine Entwicklung bei einem Sprung von einem Turm. Als Erster aus einem Fluggerät sprang sein Landsmann André-Jacques Garnerin, und zwar aus einem Heißluftballon.

Aha!

Als eigentlicher Erfinder des Fallschirms gilt das italienische Universalgenie Leonardo da Vinci. Seinen Entwurf für einen Fallschirm testete er allerdings nie.

Können **Pferde** im Stehen schlafen?

Pferde schlafen nicht wie Menschen, befinden sich also nicht für mehrere Stunden in einem Zustand, in dem sie sich erholen und neue Kraft schöpfen. Natürlich müssen auch Pferde sich ausruhen, doch sie fallen häufiger in einen Dämmerzustand und dösen im Stehen. Wenn ein Pferd jedoch richtig tief schlafen möchte, dann legt es sich hin und streckt alle viere von sich. Ein solcher Tiefschlaf dauert nie lange, bei einem erwachsenen Pferd höchstens eine halbe Stunde. Und auch Fohlen schlafen nur etwa eine Stunde im Liegen. Wenn die Pferde dann wieder aufwachen, sind sie ziemlich benommen und brauchen einige Zeit, um wieder hochzukommen und sicher auf den Beinen zu stehen.

Warum blühen Pflanzen zu unterschiedlichen Tageszeiten?

Im Frühjahr oder Sommer lässt sich beobachten, dass Pflanzen ihre Blüten zu unterschiedlichen Tageszeiten öffnen. Diesen kleinen Trick hat sich die Natur einfallen lassen, damit alle Insekten genügend Futter bekommen und durch Bestäubung für die Vermehrung der Pflanzen sorgen können.

Die kleinen Tiere fliegen die Blumen an, um Nektar zu saugen. Wenn nun alle Blüten zur gleichen Zeit geöffnet wären, gäbe es nicht nur ein Verkehrschaos am Himmel, weil alle Insekten zur gleichen Zeit dort herumschwirren würden. Es käme auch zu einem heftigen Konkurrenzkampf um die Blüten. Damit das nicht geschieht, sind nicht alle Blüten zur gleichen Zeit geöffnet.

Aha! Nachtkerzen öffnen ihre Blüten erst nach Sonnenuntergang, denn für ihre Bestäubung sorgen Nachtfalter, zum Beispiel Motten. Und die sind nur nachts unterwegs.

Welches ist der gefährlichste Pilz?

Als gefährlichster Pilz gilt der auch bei uns wachsende Grüne Knollenblätterpilz. Schon ein kleiner Bissen reicht für eine tödliche Vergiftung aus. Zunächst wird einem grässlich übel, dann versagen wichtige innere Organe, die Leber und die Nieren, ihren Dienst.

Schon in der Antike war die Gefährlichkeit des Grünen Knollenblätterpilzes bekannt. Nicht selten wurde er ins Essen gemischt, um unbeliebte Zeitgenossen aus dem Weg zu schaffen.

Äußerste Vorsicht ist also geboten! Denn das Tückische an diesem Giftpilz ist seine Ähnlichkeit mit dem essbaren Champignon. Von ihm unterscheidet er sich durch die Rillen unter dem Hut, den Lamellen. Sie sind weiß, beim Champignon hingegen rosa bis violettbraun. Außerdem duften Champignons nach Anis.

Seit wann haben **Piratenschiffe** eine Totenkopfflagge?

Die ersten Piraten, die vor etwa 2000 Jahren das Mittelmeer unsicher machten, zogen an ihrem Mast eine Totenkopfflagge auf, wenn sie sich einem Schiff näherten, um damit dessen Besatzung zu erschrecken. Seitdem gilt der weiße Schädel mit weißen gekreuzten Knochen auf schwarzem Grund als Kennzeichen von Piratenschiffen.

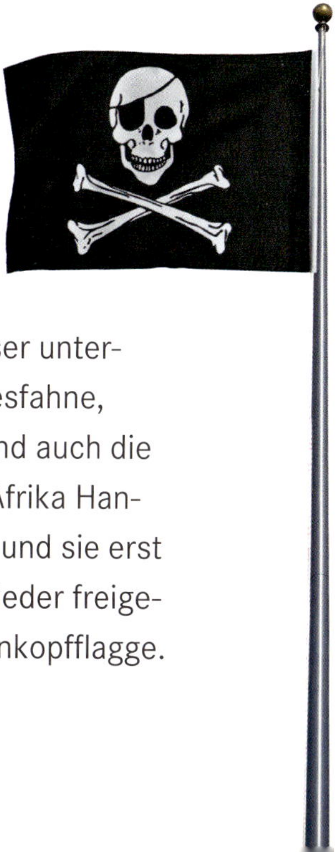

Doch es gab auch Piraten, die ohne die Totenkopfflagge die Meere befuhren. Vom 15. bis 18. Jahrhundert waren einige von ihnen im Auftrag ihrer Königshäuser unterwegs. Sie hissten stets ihre Landesfahne, bevor sie ein Schiff plünderten. Und auch die modernen Piraten, die heute vor Afrika Handelsschiffe in ihre Gewalt bringen und sie erst gegen Zahlung eines Lösegelds wieder freigeben, verzichten meist auf die Totenkopfflagge.

Woher hat die **Pizza** Margherita ihren Namen?

Im 18. Jahrhundert boten die ersten italienischen Bäcker ihren Kunden runde Teigfladen an, die mit Tomaten und Käse belegt waren: Pizza. Zusätzlicher Belag gab der Pizza ihren Namen, etwa „salame“ (Salami), „prosciutto“ (Schinken) oder „tonno“ (Thunfisch). Allerdings gibt es eine Pizza, die nicht nach ihrem Belag benannt ist: die „Margherita“. Sie erhielt ihre Bezeichnung nach dem Namen der Frau des italienischen Königs Umberto I.

Als Margherita 1889 gemeinsam mit ihrem Mann Neapel besuchte, überraschte sie ein Pizzabäcker mit einer besonderen Delikatesse: Er hatte eine Pizza mit Lebensmitteln in den italienischen Nationalfarben belegt: Basilikum (grün), Mozzarella (weiß) und Tomaten (rot). Sie sah prächtig aus und schmeckte Margherita besonders gut. Daher hieß sie fortan „Pizza Margherita“.

Wann gab es das erste **Poesiealbum?**

Vor allem bei Kindern sind Poesiealben beliebt, in die Freunde einen Spruch hineinschreiben. Diese Freundschaftsbücher kamen vor etwa 500 Jahren in Mode, allerdings nicht bei Kindern, sondern bei Studenten.

Damals hießen sie noch „Stammbücher". Professoren und Mitstudenten schrieben gute Wünsche hinein und unterzeichneten. Je mehr Einträge sich in einem Buch befanden und je höhergestellt die Personen waren, von denen sie stammten, desto größer war das Ansehen des Buchbesitzers.

Vor etwa 300 Jahren dann gab es in allen gesellschaftlichen Schichten solche Bücher, in die Freunde und Bekannte hauptsächlich Poesie schrieben, also Gedichte und Weisheiten. Und schon nannte man ein solches Buch „Poesiealbum".

Warum schrumpfen **Quallen** am Strand?

Die meisten Lebewesen bestehen zu einem Großteil aus Wasser. Bei uns Menschen sind es etwa 65 %, bei den Quallen hingegen fast 98 %. Bei ihnen kommt noch ein bisschen Bindegewebe hinzu, das aus einem Stoff namens „Kollagen" besteht und für eine gallertartige Beschaffenheit ihres Körpers sorgt. Wenn eine Qualle an den Strand gespült wird und in der Sonne liegt, löst sie sich allmählich auf, denn das Wasser verdunstet.

Quallen bestehen aus einem schirmartigen Körper mit Fangarmen. Manchmal sitzen daran noch Nesselzellen, die bei Berührung platzen und Gift abgeben. Bei Menschen löst es ein Brennen aus; manche Meereslebewesen betäubt es, sodass die Qualle sie fressen kann.

Sind **Raben** wirklich schlechte Eltern?

Eltern, die sich nicht richtig um ihre Kinder kümmern, werden im Volksmund „Rabeneltern“ genannt. Mit dieser Bezeichnung tut man den Vögeln jedoch unrecht. Das Vorurteil ist vermutlich entstanden, weil die jungen Raben schon recht früh das Nest verlassen oder beim Spielen herauspurzeln. Dann hocken sie auf dem Boden, da sie noch nicht fliegen können. Und schon sieht es so aus, als seien sie allein und verlassen. Doch das stimmt nicht, denn die Eltern sind stets in der Nähe, um die Jungen zu beschützen und zu füttern.

Aha! Die Inuit glauben, dass es ohne den Raben Tulukau-guk keine Menschen gäbe. Einst soll er einen Erbsenstrauch geschaffen haben, aus dessen Schote der erste Mensch schlüpfte.

Wie funktioniert eine Rakete?

Ganz gleich, ob es sich um eine Feuerwerksrakete handelt, die zu Silvester in den Himmel geschossen wird, oder um eine Rakete, die einen Satelliten ins Weltall befördern soll – sie alle funktionieren nach dem sogenannten Rückstoßprinzip.

Wie Flugzeuge haben Raketen Triebwerke, die Treibstoff benötigen. Bei dessen Verbrennung entstehen heiße Gase, die ausgestoßen werden und die Rakete nach vorne schießen lassen. Als Treibstoff dienen flüssiger Sauerstoff und Wasserstoff, die sich jeweils in einem eigenen Tank befinden. In einer Brennkammer werden sie zusammengeführt und gemeinsam verbrannt. Dabei entstehen mehrere Tausend Grad heiße Gase, die sich in einer Explosion ausdehnen und durch Düsen

am Ende der Rakete ausgestoßen werden. Dadurch schießt der Flugkörper nach oben.

Raketen, die Satelliten in eine Erdumlaufbahn befördern sollen, fliegen über 350 000 km weit. Dabei müssen sie sehr schnell werden und etwa 8 m pro Sekunde zurücklegen. Die Raketen sind darauf angewiesen, Treibstoff mitzuführen, dürfen aber nicht zu schwer sein. Daher haben Techniker Stufenraketen entwickelt, die aus zwei einzelnen Raketen (Stufen) bestehen. Ist der Treibstoff der ersten Stufe verbrannt, wird diese abgesprengt, weil sie nur noch eine unnötige Last darstellt, und verglüht im Weltall. Nun zündet die zweite Rakete und sorgt dafür, dass der Satellit sein Ziel erreicht.

Die schnellsten Flugzeuge

1	NASA X-34	USA	11 000 km/h
2	North American X-15	USA	7300 km/h
3	Lockheed SR-71	USA	3300 km/h
4	Bell X-2	USA	3300 km/h
5	MIG-25 Foxbat	Russland	2900 km/h

Wie **riechen** wir?

Wir riechen, indem wir die Luft durch die Nase einziehen – denn dabei werden gleichzeitig Duftstoffe mit eingeschleust. Diese gelangen im oberen Nasenbereich zu einer Art „Riechzone“ aus zwei Schleimhäuten. Wenn wir Nahrung zerkauen, entstehen ebenfalls Duftstoffe, die durch eine Verbindung von Mund- und Nasenhöhle in die Riechzone kommen. Dort befinden sich viele Millionen sogenannter Duftstoffrezeptoren, die dafür zuständig sind, die Gerüche zu erkennen und über das Nervensystem an das Gehirn zu melden. Wenn du etwa an einer Rose riechst, erkennen die Rezeptoren diesen Geruch und melden ihn an das Gehirn, das ihn als Rosenduft identifiziert.

Aha! Falls das „Riechzentrum“ mal ausfällt, sorgt ein System von Nervenverbindungen in der Nase dafür, dass wir die Gerüche zumindest grob erkennen.

Wie kam ein **Ritter** in Rüstung aufs Pferd?

Die schweren gepanzerten Rüstungen sollten die Ritter auf dem Schlachtfeld schützen. Wer in einer solchen Rüstung ritt, musste gut trainiert sein. Daher schaffte er es meist auch, in voller Montur aufs Pferd zu steigen, ließ sich dabei allerdings von seinem Knecht helfen.

Im 16. Jahrhundert kämpften Ritter meist nur noch bei Turnieren gegeneinander. Die Rüstungen wurden massiver und ermöglichten kaum noch Bewegungen. Nun musste der Ritter von Knechten aufs Pferd gehoben werden. Wenn er auch dafür zu schwer war, benutzte man einen Kran, um ihn hochzuhieven.

Wo tragen Männer Röcke?

In Schottland laufen tatsächlich Männer in Röcken durch die Straßen. Allerdings nennen sie das traditionelle Kleidungsstück „Kilt“, um es von Frauenröcken zu unterscheiden. Ein Kilt besteht aus etwa 9 m Stoff, der um die Hüften gewickelt wird und wie ein Rock aussieht.

Das Besondere an einem Schottenrock ist das Muster. Es kann – muss aber nicht – auf die Zugehörigkeit zu einem Clan (einer Personengruppe mit gleichem Nachnamen) verweisen oder bei Soldaten auf die Angehörigkeit zu einem bestimmten Regiment. Damit der Kilt nicht herunterrutscht, wird er von einer großen Sicherheitsnadel oder einer Brosche zusammengehalten. Ein Kilt hat keine Taschen, man trägt daher dazu meist eine kleine Ledertasche um die Hüfte.

Warum ist der rote Teppich rot?

Bei festlichen Veranstaltungen, etwa bei Film- oder Theaterpremieren, zu denen viele Prominente kommen, wird häufig ein roter Teppich ausgerollt. Heute könnte er auch jede andere Farbe haben, doch früher war Rot äußerst kostbar. Der rote Farbstoff wurde noch nicht künstlich hergestellt, sondern aus Purpurschnecken gewonnen. Die Tiere geben über eine Drüse Schleim ab, der im Sonnenlicht scharlachrot wird. Die Gewinnung dieser Substanz ist jedoch sehr teuer und aufwendig: Für ein Gramm Farbstoff müssen 8000 Purpurschnecken ihr Leben lassen. Daher ließen Herrscher bei Festen in ihrem Schloss purpurrote Teppiche ausrollen, um ihren Wohlstand und ihre Bedeutung zu zeigen.

Wo darf man beim Essen **rülpsen?**

Es gehört sich einfach nicht, in aller Öffentlichkeit zu rülpsen – und schon gar nicht beim Essen. Diese Regel gilt allerdings nicht in China. Dort ist der Gastgeber sogar beleidigt, wenn seine Gäste während der Mahlzeit nicht rülpsen. Und sie sollten auch kräftig schmatzen, denn derlei Geräusche sind das beste Zeichen dafür, dass es ihnen schmeckt.

Auch in anderer Hinsicht unterscheiden sich die chinesischen Tischsitten von unseren: Schmeckt einem etwa ein Stück Fleisch nicht oder ist es zu zäh, dann wird es einfach neben den Teller auf den Tisch gelegt. Wer allmählich gesättigt ist, sollte eine wichtige Regel beachten: Niemals den Teller leer essen! Auch das beleidigt den Gastgeber, denn es vermittelt ihm das Gefühl, das Essen habe nicht gereicht.

Kann Sand singen?

Zahlreiche Menschen, die schon einmal durch die Wüste gereist sind, haben dort merkwürdige Geräusche gehört, die so geklungen haben, als würde der Sand singen. Und tatsächlich gibt er Geräusche von sich. Wenn der Wind über die Dünen bläst, rutschen viele Millionen Sandkörner lawinenartig abwärts. Dabei versetzen sie die angrenzende Luft in Schwingungen, und es entstehen Schallwellen, die in manchen Ohren wie ein Sandkonzert klingen. Welche Töne erzeugt werden, hängt u. a. von der Größe und vom Zustand – trocken, feucht, nass – der Sandkörner ab, aber auch von der Windgeschwindigkeit. Übrigens kann Sand so laut singen, dass er noch in 10 km Entfernung zu hören ist.

Wer erfand das Sandwich?

Das Sandwich erhielt seinen Namen von seinem Erfinder, einem englischen Adligen namens John Montagu, 4. Earl of Sandwich (1718 – 1792). In seiner Freizeit spielte er für sein Leben gern Karten und unterbrach das Spiel nur im äußersten Notfall. Da er jedoch irgendwann Hunger

verspürte, kam der Moment, an dem er das Kartenspiel aus der Hand legen musste, um zu essen. Das störte ihn so sehr, dass er eines Tages das Besteck beiseiteschob, eine Scheibe Rinderbraten von seinem Teller nahm und sie zwischen zwei Weißbrothälften packte. Dieses „Sandwich“ konnte er in der einen Hand halten, während sich in der anderen seine Karten befanden.

Aha! Frauen durften erst ab 1810 zum Sandwich greifen. Bis dahin war es ihnen verboten, Speisen aus der Hand zu essen.

Ist die Schallmauer eine Mauer?

Manchmal, wenn ein Flugzeug sehr, sehr schnell fliegt, so etwa 1200 km/h (also mit Schallgeschwindigkeit), gibt es einen lauten Knall. Dann sagt man, das Flugzeug habe „die Schallmauer durchbrochen“. Eine Mauer im herkömmlichen Sinn ist das natürlich nicht, denn oben im Himmel wird nicht gebaut.

Ein superschnelles Flugzeug drückt die Luft vor sich zusammen und schiebt sie zur Seite. Nun entsteht eine Druckwelle, die sich nach vorne in Schallgeschwindigkeit ausbreitet und schneller als das Flugzeug ist. Wenn es nun selbst Schallgeschwindigkeit erreicht, holt es die Druckwelle ein, die sich vor ihm auftürmt. Fliegt es noch schneller, durchbricht es die „Mauer“ und hinter ihm entsteht eine weitere Schallwelle, die sich Richtung Erdboden bewegt. Wo sie ihn berührt, knallt es.

Acht Fragen zur Technik. Kenn

1 **Welches Gerät misst die Stärke eines Erdbebens?**

a) Barometer
b) Echolot
c) Seismograf

2 **Welches ist die höchste Windstärke?**

a) 10
b) 12
c) 100

3 **Wie lang ist die längste Eisenbahnstrecke der Welt?**

a) über 3000 km
b) über 6000 km
c) über 9000 km

4 **Wie viele Menschen passen auf das größte Kreuzfahrtschiff der Welt?**

a) rund 5500
b) rund 8400
c) rund 10200

u die Antworten?

Aha?

5 **Die Draisine war ein Vorläufer des ...?**

a) Fahrrads

b) Flugzeugs

c) Roboters

6 **In welchem Land gibt es einen Roboterzoo?**

a) in China

b) in Japan

c) in Portugal

7 **Wo gibt es einen Blog?**

a) im Auto

b) im Hubschrauber

c) im Internet

8 **Wie heißt eine europäische Rakete?**

a) Ariane

b) Athene

c) Elektra

Welche Scheibe splittert nicht?

Normale Glasscheiben oder Flaschen zersplittern in scharfkantige Stücke, wenn sie zu Bruch gehen, nicht aber Scheiben aus Verbundglas. Aus diesem Material besteht etwa die Windschutzscheibe eines Autos.

Verbundglas wird aus zwei Glasscheiben mit einer dazwischengeklebten, reißfesten Kunststofffolie hergestellt. Dieses „Sandwich" kommt in einen Brennofen. Bei Temperaturen um die 300 °C verschmelzen Glas und Folie zu einer festen Masse. Damit diese noch stabiler wird, pressen Walzen sämtliche Luftbläschen aus dem Material. Kommt das Verbundglas aus dem Ofen, wird es abgekühlt. Nun ist es „unkaputtbar". Selbst wenn ein Stein dafür sorgt, dass es bricht, wird es nie splittern, denn die einzelnen Bruchstücke kleben an der Kunststofffolie.

Warum tut ein Tritt vors **Schienbein** so weh?

Wenn du dich am Schienbein stößt, lässt dich der Schmerz zusammenzucken, denn diese Stelle am Bein ist besonders empfindlich. Sie liegt direkt unter der Hautoberfläche und wird nicht von einem schützenden Muskelmantel umgeben wie etwa der Oberschenkelknochen.

Verantwortlich für das Schmerzempfinden sind feine Nervenfasern in der Haut, die den Knochen umgibt. Stößt du dich am Schienbein oder tritt dir jemand davor, nehmen sie das sofort wahr und melden es an das Gehirn. Und schon tut das Schienbein höllisch weh.

Warum **schlafwandeln** manche Menschen?

Wenn jemand nachts im Schlaf aufsteht und durch die Wohnung läuft, ohne es zu merken, dann nennt man das „schlafwandeln“. Meist kommt es bei Kindern und Jugendlichen vor. In diesem Zustand sind Menschen sogar fähig, sich anzuziehen und die Wohnung zu verlassen, auch wenn sie dabei Orientierungsschwierigkeiten haben. Auf alle Schlafwandler übt das Licht eine besondere Anziehungskraft aus.

Warum Menschen schlafwandeln, ist bis heute nicht genau geklärt. Auf jeden Fall leiden sie unter Schlafstörungen und haben häufig auch seelische Probleme. Das Schlafwandeln ist also vielleicht ein Versuch, belastende Ereignisse zu verarbeiten. Schlafwandeln gilt übrigens als Krankheit.

Aha! Besonders lange – nämlich bis zu 16 Stunden am Tag – schlafen Säuglinge. Insgesamt verbringt der Mensch etwa ein Drittel seines Lebens schlafend.

Wo liegt das Schlaraffenland?

Vermutlich hat jeder schon einmal vom Schlaraffenland gehört, einem wunderbaren Land, in dem es Essen und Getränke im Überfluss gibt. Angeblich fließt dort Saft aus Brunnen und die Zäune bestehen aus Bratwurst. Derlei Geschichten finden sich zumeist in Märchenbüchern. Und da Märchen erfundene Geschichten sind, gibt es das Schlaraffenland in Wirklichkeit nicht.

Vielleicht kommt das daher, weil die Menschen früher oft Hunger und Durst litten, denn Nahrungsmittel und Wasser waren bis ins 20. Jahrhundert hinein manchmal auch in Europa knapp. Und da träumten sie von einem Land, wo sie alles bekamen, was ihnen fehlte. Andere Menschen wünschten sich ein solches Paradies, weil es bequem war, sich einfach nur zu bedienen und dafür nicht einkaufen gehen und bezahlen zu müssen.

Wie funktioniert eine Schleuse?

Nicht immer sind Flüsse und Kanäle für Schiffe problemlos zu befahren, denn ebenso wie auf Autostraßen gibt es Steigungen oder Gefälle. Damit Schiffe diese überwinden können, werden an solchen Stellen Schleusen gebaut.

Eine Schleuse besteht aus einem Becken, das vorne und hinten von Toren verschlossen wird. Angenommen, ein Schiff möchte herunterfahren, dann fährt es auf die Schleuse zu. Das vor ihm liegende Tor öffnet sich, und der Kapitän lenkt sein Boot in die Schleuse. Vor und hinter dem Einfahrtstor steht das Wasser gleich hoch. Hinter dem Ausfahrtstor jedoch ist es weitaus niedriger.

Wenn sich das Schiff in der Schleuse befindet, schließt sich das Einfahrtstor. Das Ausfahrtstor wird leicht geöffnet, sodass das Wasser aus der Schleusenkammer abfließen kann. Manchmal wird das Wasser auch abgepumpt. In der Kammer sinkt der Wasserspiegel, und das Schiff bewegt sich nach unten. Wenn das Wasser in der Kammer und hinter dem Ausfahrtstor gleich hoch steht, wird dieses komplett geöffnet, und das Schiff kann weiterfahren.

Möchte nun ein entgegenkommendes Schiff hochfahren, schippert es ebenfalls in die Schleuse. Dort spielt sich das Geschehen in umgekehrter Reihenfolge ab: Hinteres Schleusentor geht zu, vorderes leicht auf, damit Wasser in die Kammer fließt und das Schiff allmählich anhebt.

Aha! Schleusen können Höhenunterschiede von bis zu 25 m ausgleichen. Für größere Höhen sind Schiffshebewerke erforderlich. Darin werden Schiffe ähnlich wie in einem Aufzug nach oben oder unten transportiert.

Wer wohnt im größten Privatschloss?

Das größte bewohnte Privatschloss der Welt gehört der britischen Königsfamilie. Es heißt Windsor Castle und steht etwa 30 km westlich der britischen Hauptstadt London. Königin Elisabeth II. verbringt hier oft die Wochenenden. Wenn sie sich im Schloss aufhält, weht von einem großen runden Turm die königliche Flagge. Besucher haben dann allerdings Pech; denn das Schloss können sie nur besichtigen, wenn die Queen nicht da ist.

Windsor Castle liegt direkt an der Themse und wurde vor knapp 1000 Jahren unter Wilhelm dem Eroberer errichtet. Vom Ursprungsbau stehen heute nur noch die Außenmauern. Im Laufe vieler Jahrhunderte baute die Königsfamilie eben häufig um.

Kommen **Schnecken** schon mit Haus auf die Welt?

Wenn eine Schnecke im Ei herangewachsen ist, kommt der Moment, in dem sie von der Eihülle frisst und sich herausarbeitet. Als Erstes sind die Fühler zu sehen und irgendwann zieht sie auch ihr Haus mit hinaus. Es ist noch durchsichtig und dünn und viel weicher als das einer erwachsenen Schnecke. Doch wenn das Jungtier kräftig isst und dabei Kalk zu sich nimmt, wird die Schale allmählich immer dicker und das Haus immer härter. Natürlich wächst es mit der Schnecke, denn es muss immer groß genug sein, damit sie sich dorthin zurückziehen kann. Übrigens bekommen nicht alle Schnecken ein Haus. Nacktschnecken etwa kommen ohne aus und sind dadurch beweglicher.

Aha! Wer das nur wenige Millimeter große Ei einer Schnecke unter dem Mikroskop betrachtet, der kann in der Vergrößerung schon das winzige Haus erkennen.

Sehen alle Schneeflocken gleich aus?

Schneeflocken bilden sich in den Wolken, wenn sich dort bei Minusgraden Regentropfen in Eiskristalle verwandeln. Die einzelnen Kristalle werden immer schwerer und fallen schließlich Richtung Erde. Auf ihrem Weg nach unten nehmen sie weiteres Wasser auf und werden immer größer, bis sie schließlich Schneeflocken bilden.

Eiskristalle haben völlig unterschiedliche Formen, denen allerdings eines gemeinsam ist: Sie sind alle sechseckig. Beim Fallen verändern sie ihre Form, denn je nachdem, wie weit sie noch vom Erdboden entfernt sind, durchqueren sie mal stärker, mal weniger feuchte Luft. Unterwegs verbinden sich die Kristalle mit anderen Kristallen und wachsen zu Schneeflocken heran. Da die Kristalle, die eine Schneeflocke

bilden, alle anders aussehen, gleicht auch keine Schneeflocke der anderen.

Wenn Eiskristalle aus der Wolke nach unten schweben, heißt das noch lange nicht, dass sie auch als Schneeflocken bei uns ankommen. Das tun sie nur, wenn hier unten Frost herrscht. Sonst schmelzen sie unterwegs und kommen als Regen herunter.

Schneeflocken sind übrigens ebenso wie Regentropfen farblos. Aber die unzähligen Kristalle, aus denen sie gebildet sind, wirken wie winzige Spiegel. Sie werfen das weiße Sonnenlicht zurück und erscheinen dadurch ebenfalls weiß. Würdest du Schnee nachts mit einer grünen Taschenlampe anleuchten, dann würde er aussehen, als sei er grün gefärbt.

Die höchsten Gipfel Europas

1	Mont Blanc	Alpen	Frankreich und Italien	4810 m
2	Dufourspitze	Alpen	Schweiz	4634 m
3	Zumsteinspitze	Alpen	Schweiz und Italien	4563 m

Kommt in weiße **Schokolade** mehr Milch als in dunkle?

Nein, denn die Schokoladenfarbe entsteht nicht durch die weiße Milch, sondern durch Kakaopulver. In Schokolade befinden sich vier Zutaten: Kakaopulver, Kakaobutter, Zucker und Milchpulver. Der Kakaoanteil bei herkömmlicher Vollmilchschokolade liegt bei einem knappen Drittel. Bei der Herstellung weißer Schokolade verzichtet man auf das Kakaopulver und fügt stattdessen deutlich mehr Kakaobutter hinzu. Dieses hellgelbe Fett lässt sich aus Kakaobohnen gewinnen.

Es gibt übrigens auch ganz dunkle, fast schwarze Schokolade: Bitterschokolade. Sie enthält weder Milchpulver noch Kakaobutter, sondern nur Kakaopulver und Zucker. Und da Kakaopulver ziemlich bitter schmeckt, ist der Zuckeranteil von Bitterschokolade etwas höher als der von anderer Schokolade.

Wie bestimmt man die Schuhgröße?

Vor ein paar Hundert Jahren wurden noch alle Schuhe von Hand gefertigt und passten daher wie angegossen. Inzwischen jedoch kommen Schuhe aus der Fabrik, wo sie in großen Stückzahlen und unterschiedlichen Größen hergestellt werden.

Dafür musste zunächst eine Maßeinheit gefunden werden. Sie heißt „Stich" und entspricht 0,666 cm. Genau so lang waren früher die Leisten, aus denen die Schuhmacher ihre Holzschablonen für die Schuhherstellung anfertigten. Der Fuß, der in einen Schuh der Größe 34 passt, darf also auf keinen Fall länger als 22,6 cm sein (34 x 0,666 cm). Dann nämlich stößt er an und der Schuh ist zu klein. Ist der Fuß so um die 22 cm lang, sollte man zu Größe 33 greifen.

Wann wedelt ein Hund mit dem **Schwanz?**

Wenn ein fremder Hund mit dem Schwanz wedelt, solltest du erst einmal vorsichtig sein! Denn das Tier ist dann aufgeregt und unentschlossen. So bewegt sich der Schwanz beispielsweise auch von links nach rechts, wenn der Hund einem Artgenossen begegnet.

Vermutlich kann nur der Besitzer eines Hundes genauer sagen, was die Schwanzbewegungen seines Vierbeiners ausdrücken sollen. Manchmal tragen Rüden, also männliche Hunde, ihren Schwanz hoch oder lassen die Spitze hin- und herwedeln. Dieses Verhalten könnte ein Zeichen von Macht sein, denn mitunter fassen andere Hunde es als Einladung zum Angriff auf. Manche Hunde wiederum lassen beim Schwanzwedeln die Spitze stark nach unten hängen. Das könnte Angst ausdrücken. Aber letzten Endes sind das alles nur Vermutungen.

Was sind
Schwarze Löcher?

Ihr Name führt auf eine falsche Fährte, denn Schwarze Löcher sind keine Löcher, sondern die Überreste toter Sterne. Jeder Stern hat nur eine begrenzte Lebensdauer, meist einige Milliarden Jahre, dann verabschiedet er sich mit einem gewaltigen Knall. Übrig bleibt ein stark zusammengepresster Klumpen, der in etwa genauso schwer ist wie einst der viel größere Stern. Er schwebt als schwarzer Fleck im All. Da es dort dunkel ist, ist er kaum zu sehen. Die Bezeichnung „Schwarzes Loch" rührt daher, dass dieser Fleck alles anzieht, was ihm zu nahe kommt, und verschlingt, sogar andere Sterne. Und das sieht dann so aus, als verschwänden sie in einem schwarzen Loch.

Schwitzt man auch beim **Schwimmen?**

Wenn es dem Körper zu warm wird, sondert er Schweiß ab. Das passiert im Wasser genauso wie in praller Sonne auf dem Sportplatz. Wie viel Schweiß man beim Schwimmen vergießt, hängt genau wie beim Laufen davon ab, wie schnell man sich bewegt. Sobald das Wasser den Körper nicht mehr genug kühlt, fließt der Schweiß. Allerdings bemerkt das der Schwimmer nicht, denn der Schweiß bleibt im Wasser und verdunstet nicht wie sonst an der Luft. Merke: Nicht nur Läufer, sondern auch Schwimmer sollten sich ab und zu einen Schluck Mineralwasser gönnen!

Wie heiß ist es auf der Sonne?

Die Temperatur auf der Sonne nimmt von innen nach außen ab. In ihrem Inneren ist es unvorstellbare 15 Millionen °C heiß, auf der Oberfläche sind es „nur" noch 5000 bis 5600 °C. Auch das sind Temperaturen, die kein Mensch aushalten würde. Bis die Energie aus dcm Sonneninneren jedoch auf der Erde ankommt, vergehen etwa 10 Millionen Jahre. Die Sonnenstrahlen legen dabei eine Strecke von 149 Millionen km zurück (dafür müssten wir 3725-mal um die Erde reisen). Nun sind die Temperaturen sehr viel niedriger, und wir halten sie locker aus – auch an heißen Sommertagen. Ohne Sonne könnten die Menschen auf der Erde nicht leben, denn dann es wäre viel zu kalt.

Wie drehen sich Sonnenblumen?

Auf einem Sonnenblumenfeld lässt sich gut beobachten, wie die Pflanzen im Laufe des Tages ihre Köpfe nach der Sonne drehen. In Frankreich, wo es besonders viele solcher Felder gibt, heißt die Blume „tournesol“ (tourner „drehen“, sol „Sonne“).

Morgens zeigen die Blütenscheiben nach Osten, wo die Sonne aufgeht, abends bei Sonnenuntergang nach Westen. Nachts drehen sie sich allmählich wieder gen Osten, um am nächsten Morgen keinen Sonnenstrahl zu verpassen.

Sonnenblumen besitzen keine Muskeln, mit deren Hilfe sie sich drehen können. Sie machen das, indem sie die Länge ihres Stängels unterschiedlich verändern. Dafür sorgt ein

Stoff namens „Axin“. Die Blume bildet ihn an jenen Stellen, die dem Schatten ausgesetzt sind. Das Axin regelt dann das Wachstum. Nachts wächst der Stängel an seiner westlichen Seite am stärksten, sodass der Kopf irgendwann nach Osten kippt. Im Laufe des Tages wächst der östliche Teil des Stängels stärker, der Kopf wendet sich nach Westen.

Übrigens funktioniert das nur bei jungen Sonnenblumen. Sind die Pflanzen ausgewachsen, schauen ihre Köpfe, leicht nach unten hängend, nur noch in eine Richtung – nach Osten. Sie können sich nicht mehr drehen.

Aha! Aus Sonnenblumen lässt sich Öl gewinnen, das Sonnenblumenöl. Die größten Anbaugebiete befinden sich in Osteuropa, Frankreich und Nordamerika.

Kriegen Blumen Sonnenbrand?

Blumen und andere Pflanzen ernähren sich von nicht organischen Stoffen. Dies geschieht mithilfe der Fotosynthese, bei der die Pflanze Wasser, Mineralsalze und Kohlendioxid aus der Luft aufnimmt und diese in Stärke und Traubenzucker verwandelt. Um das zu schaffen, braucht die Blume die Energie des Sonnenlichts, das sie meist mit den Blättern aufnimmt.

Zu viel Sonne jedoch verträgt auch eine Pflanze nicht, denn dann bekommt sie eine Art Sonnenbrand – ihre Blätter werden braun. Auch könnte zu viel Sonnenlicht ihr Fotosynthese-System zum „Durchbrennen“ bringen. Davor schützt sich die Pflanze mit komplizierten Vorgängen in ihrem Inneren.

Aha! Sonne macht einer Pflanze nur dann auf Dauer etwas aus, wenn der Boden austrocknet und sie keine Feuchtigkeit mehr aufnehmen kann. Daher Pflanzen bei Hitze immer schön gießen!

Haben Spinnen Ohren?

Auf den ersten Blick besteht eine Spinne nur aus acht langen Beinen und einem Körper. Wer genauer hinsieht, kann auch ihre Augen entdecken. Ohren jedoch wird er nicht finden, denn die Spinne hat keine.

Besonders ausgeprägt bei Spinnen ist der Tastsinn. Überall auf ihrem Körper sind winzig kleine Tasthaare verteilt, mit denen sie Erschütterungen wahrnimmt und beispielsweise ein Beutetier erkennt. An ihren Beinen sitzen spezielle Haare, mit denen sie sogar Schwingungen und Schall, die bei Geräuschen erzeugt werden, registriert. In gewisser Weise können also auch Spinnen hören.

Gibt es lebende Steine?

Ja, es gibt tatsächlich lebende Steine. Bei ihnen handelt sich um Pflanzen aus der Familie der Mitternachtsblumengewächse, die zwischen Steinen wachsen und kaum von ihnen zu unterscheiden sind. Lithops-Pflanzen etwa ahmen Formen und Farben der Steine, die sie umgeben, nach und sehen ihnen täuschend ähnlich. Dadurch sind sie gut geschützt.

Die lebenden Steine haben eine rundliche Form und zwei Blätter. Jedes Jahr wächst ein neues Blätterpaar zwischen den alten Blättern heran. Die „Alten“ versorgen den „Nachwuchs“ mit Wasser, vertrocknen schließlich und fallen ab. Übrigens blühen Lithops im Herbst. Dann erscheinen in den Mittagsstunden die gelben oder weißen Blüten in einem Spalt zwischen den Blättern.

Wie funkeln Sterne?

Bei einem Blick in einen klaren Sternenhimmel bekommt man den Eindruck, als würden die Sterne funkeln. Doch sie funkeln nicht. In ihrem Inneren erzeugen die Himmelskörper Energie, die sie in Form von Licht oder Wärme aussenden. Der Lichtstrahl durchquert das Weltall, einen luftleeren Raum, wo ihn nichts am Vorwärtskommen hindert.

Das ändert sich jedoch, wenn er in die Erdatmosphäre eindringt. Sie besteht aus unterschiedlichen Luftschichten, die ständig in Bewegung sind. Dadurch werden die Lichtstrahlen in unterschiedliche Richtungen gelenkt – es entsteht ein Flimmern, das so aussieht, als würden die Sterne funkeln.

Aha! In einer klaren Nacht kann das menschliche Auge etwa 6000 Sterne am Himmel erkennen. Das ist nur ein winziger Teil der vielen Millionen Sterne im Universum.

Was hört der Arzt durchs Stethoskop?

Durch ein Stethoskop kann der Arzt in den Körper hineinhorchen und sogar leise Geräusche deutlich hören. An den Tönen erkennt er, wie heftig die Lunge bei einer Erkältung rasselt oder ob das Herz regelmäßig schlägt.

Ein Stethoskop besteht aus einer Art Minitrommel. In diesem Fall wird es „Bruststück" genannt und besteht aus einer kleinen Kapsel mit einer darübergespannten Folie, der Membran. Über einen Schlauch ist es mit dem zweigeteilten Ohrbügel verbunden, durch dessen beide Ohrstücke der Arzt die Töne wahrnimmt.

Wenn er nun die Herztöne untersucht, legt er das Bruststück auf den Brustkorb. Bei jedem

Herzschlag wird die Haut ein wenig nach außen gedrückt und stößt dabei gegen die Membran. Diese verstärkt die Töne und leitet sie durch den Schlauch in den Ohrbügel, sodass der Arzt sie hören kann.

Seine Erfindung verdankt das Stethoskop einem Zufall. Eines Tages suchte eine Patientin den französischen Arzt Theóphile Laennec auf und klagte über Herzprobleme. Damals lauschten die Ärzte den Herztönen, indem sie ihr Ohr auf den Bauch auflegten. Das aber funktionierte bei Laennecs Patientin nicht, denn sie war zu dick. Also rollte der Arzt seinen Notizblock zusammen und benutzte ihn als Hörrohr. Nun konnte er die Herztöne deutlich vernehmen. Auf der Grundlage dieser Erfahrungen entwickelte der Franzose das Stethoskop.

Aha! Das Herz ist ein Organ der Superlative. In einem durchschnittlichen Menschenleben schlägt es etwa 3 Milliarden Mal. Und es pumpt das Blut durch Blutgefäße, die insgesamt 100 000 km lang sind.

Sind Fische wirklich stumm?

Fische sind keineswegs stumm, sondern geben durchaus Laute von sich. Doch ganz gleich, ob sie singen, flöten oder schreien – das menschliche Ohr kann diese Töne nicht wahrnehmen. Genauso verschieden, wie die Laute der Fische sind, genauso unterschiedlich sind die Wege, wie sie erzeugt werden. So kann der Knurrhahn seine Schwimmblase mit einem besonderen Muskel zum Schwingen bringen und erzeugt knurrende Geräusche. Andere Fische verständigen sich mittels Zähneknirschen oder Flossenreiben. Heringe wiederum pressen aus ihrer Schwimmblase Luft in den Darm und können anschließend Töne pupsen.

Aha! Mit ihren Tönen können sich Fische rasch verständigen, denn unter Wasser breitet sich der Schall viel schneller aus als in der Luft.

Ist in **Süßwasser** auch Salz?

Trotz seines Namens schmeckt Süßwasser nicht süß, allerdings auch nicht salzig wie Salzwasser. Dennoch enthält auch Süßwasser Salz, allerdings nur eine winzig kleine Menge, die beim Trinken nicht wahrzunehmen ist. Genau genommen müsste es also „nicht nach Salz schmeckendes Wasser" heißen.

Den Namen „Süßwasser" haben einst Fischer erfunden. Sie wollten zwischen ihren Fischgründen unterscheiden, also zwischen Meer einerseits sowie Flüssen und Seen andererseits. Wegen seines salzigen Geschmacks nannten sie das Meerwasser Salzwasser. Und weil das Fluss- und Seewasser überhaupt nicht salzig schmeckte, bezeichneten sie es als „Süßwasser". So ist es bis heute geblieben.

Warum nicken **Tauben** ständig?

Das menschliche Auge ist ständig in Bewegung. Es verfolgt ein Objekt so lange, bis es aus dem Blickfeld gerät, und fixiert es dann erneut. Auf diese Weise wird das Abbild des Gegenstandes auf die Netzhaut projiziert. Taubenaugen sind jedoch wesentlich unbeweglicher und können ein Objekt nicht verfolgen. Um das auszugleichen, bewegen die Vögel den Kopf. Allerdings nicken sie nicht, wie es uns erscheint, sondern schieben den Kopf stets auf gleicher Höhe vorwärts: Wenn eine Taube losgeht, bewegt sich zunächst nur der Unterkörper, der Kopf verharrt in der alten Position. Nach einem Schritt bleibt sie stehen und zieht den Kopf nach. Und so geht es weiter.

Wer packte den Tee in Beutel?

Tee wird schon seit mehr als 5000 Jahren getrunken, Teebeutel allerdings gibt es erst seit etwas über 100 Jahren. Zuvor wurden die Teeblätter direkt mit kochendem Wasser übergossen.

Mehrere Jahrtausende war Tee nur in China und anderen asiatischen Ländern bekannt. Im 17. Jahrhundert gelangte das Getränk nach Europa. 1908 schließlich kam der New Yorker Teehändler Thomas Sullivan auf die Idee, seine Teeproben in kleine Seidensäckchen zu verpacken. Die Kunden tauchten die Säckchen direkt ins Wasser – und der Tee schmeckte. Damit war der Vorläufer des Teebeutels erfunden. Die ersten Aufgussbeutel, wie wir sie heute kennen, kamen 1929 auf den Markt.

Wo steht das größte **Theater** der Welt?

Das größte Theater der Welt ist ein Amphitheater und steht in Rom: das Kolosseum. Bei seiner Einweihung im Jahr 80 n. Chr. fanden dort 50 000 Zuschauer Platz. Allerdings bekamen sie keine Theatervorführungen zu sehen, sondern sogenannte Spiele, in deren Rahmen Jagd auf wilde Tiere gemacht wurde und Gladiatorenkämpfe stattfanden. Die prunkvolle Einweihung soll 100 Tage gedauert und mindestens 5000 Tiere und einige Hundert Gladiatoren das Leben gekostet haben. Später gab es sogar Veranstaltungen, bei denen Seeschlachten gezeigt wurden. Hierfür konnte man das Kolosseum teilweise unter Wasser setzen. Die letzten Darbietungen fanden vermutlich 523 statt.

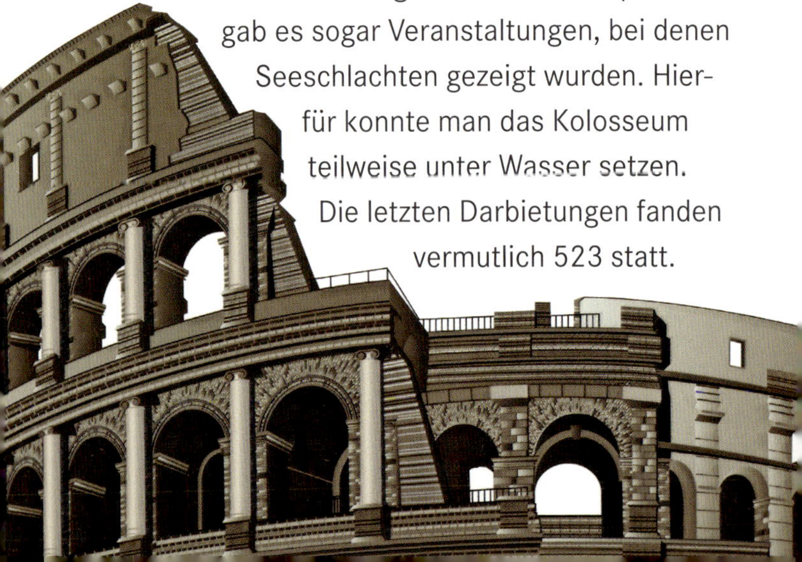

Später verfiel der Bau, die Reste können noch heute besichtigt werden.

Das Kolosseum steht mitten in der Stadt. Nach einem verheerenden Brand war eine große Freifläche entstanden, auf der rund 40 000 Sklaven das Bauwerk errichteten. Die dafür benötigten Steine karrten sie mit Tausenden von Wagenladungen aus den umliegenden Steinbrüchen heran.

Der Besuch des Kolosseums war ein gesellschaftliches Ereignis. Es herrschte eine strenge Sitzordnung. Im ersten Rang saßen die Senatoren und hatten damit die besten Plätze. Dahinter befanden sich die Ränge für männliche Bürger – je höher ihre gesellschaftliche Stellung, desto weiter vorne saßen sie. Auf den hinteren Rängen schließlich nahmen die Männer aus unteren Schichten sowie Frauen Platz. Diese wurden später ganz nach oben auf die schlechtesten Plätze verbannt, damit sie nicht mit den Männern flirten konnten.

Wieso gefrieren Eiswaffeln von **Tiefkühleis** nicht?

Wer sich ein Eishörnchen aus dem Tiefkühlfach nimmt, der kann sich nicht nur auf leckeres Eis, sondern auch auf eine knackige Waffel freuen. Im Gegensatz zum Eis ist sie nämlich nicht gefroren. Dafür ist noch nicht einmal ein besonderer Trick notwendig. Bei der Herstellung von Waffeln wird dem Teig sämtliche Feuchtigkeit entzogen. Wenn sie dann unter großer Hitze gebacken werden, bekommen die Tüten ihre typische Form und werden so richtig knusprig. Daran ändert sich auch nach dem Einfrieren nichts.

Aha! Weltweit gibt es etwa 600 verschiedene Eissorten, darunter so ungewöhnliche Geschmacksrichtungen wie Basilikum, Chili, Pesto und Rucola.

Ist das Tote Meer wirklich tot?

Im Toten Meer gibt es so gut wie kein Leben, denn weder Fische noch Pflanzen können in dem extrem salzigen Wasser überleben. Der Salzgehalt liegt bei 33 % und damit fast zehnmal so hoch wie etwa der des Mittelmeers. Ganz tot ist das Gewässer jedoch nicht. Denn darin leben ein paar für uns unsichtbare Bakterien, die Salz besonders gern mögen.

Übrigens ist das Tote Meer, an dessen Ufer Israel, Jordanien sowie das Westjordanland liegen, gar kein Meer, sondern ein See ohne Abfluss. Wer darin schwimmt, geht nicht unter, denn der hohe Salzgehalt verhindert das.

Aha! Das Baden im Toten Meer kann recht schmerzhaft sein, wenn man offene Wunden hat. Darin brennt das Salz höllisch. Auch sollte es nicht in die Augen gelangen – und auf keinen Fall in die Lunge.

Acht Fragen zur **Erde**. Kennst du

1 **Welcher Planet kommt der Erde am nächsten?**

a) Mars
b) Merkur
c) Venus

2 **Welches ist der längste Fluss der Erde?**

a) Amazonas
b) Nil
c) Rhein

3 **Wie tief ist der tiefste See der Erde?**

a) 817 m
b) 1257 m
c) 1637 m

4 **Was ist ein Willy-Willy?**

a) ein Erdkrater
b) ein Wasserfall
c) ein Wirbelsturm

Aha?

5 Auf welchem Kontinent leben die meisten Menschen?

a) Afrika
b) Asien
c) Europa

6 Welche dieser Inseln liegt nicht in einem Meer?

a) Borkum
b) Mainau
c) Sylt

7 Welche beiden Erdteile trennt die Straße von Gibraltar?

a) Afrika und Amerika
b) Asien und Europa
c) Europa und Afrika

8 Wie viel Prozent der Erde sind von Wasser bedeckt?

a) 31%
b) 51%
c) 71%

Kann man in Treibsand versinken?

In einigen Filmen versinkt der Bösewicht am Ende im Treibsand und wird von diesem verschlungen. Das ist keine Erfindung eines pfiffigen Drehbuchschreibers, sondern so etwas Ähnliches kann tatsächlich passieren.

Üblicherweise haften die kleinen Sandkörner aneinander, sodass sich bequem darüberspazieren lässt, etwa am Strand. Das kann sich bei starkem Regen oder bei sonstiger Wasserzufuhr schlagartig ändern. Der Sand ist nicht mehr in der Lage, die Flüssigkeitsmengen aufzunehmen. Das Wasser schiebt sich zwischen die Sandkörner, die nun keinen Kontakt mehr miteinander haben. In der Folge können sich Hohlräume bilden, die voll Wasser laufen und auf denen der Sand schwimmt. Wenn jetzt ein Wanderer auf den Sand tritt, sinkt er ein.

Wo liegt der längste **Tunnel** der Welt?

Der längste Tunnel der Welt ist der 54 km lange Seikantunnel in Japan. Der Eisenbahntunnel verbindet in mehreren Abschnitten die Inseln Hokkaido im Norden und Honshu in der Mitte des Landes. 1988 fuhren die ersten Züge durch den Tunnel, der bis zu 100 m unter dem Meer liegt, und sorgten für sehr viel schnellere Verbindungen. Wer vor der Inbetriebnahme des Tunnels mit der Bahn von Sapporo (Hokkaido) nach Tokio (Honshu) fahren wollte, brauchte dafür 17 Stunden, einschließlich einer vierstündigen Überfahrt mit der Fähre. Durch den Tunnel dauert die Fahrt nur noch sechs Stunden.

Aha! Vermutlich im Jahr 2017 wird der Seikantunnel seinen Titel einbüßen. Dann wird der Gotthard-Basistunnel eröffnet. Voraussichtliche Länge: 57 km.

Wo steht der schiefste Turm der Welt?

Der Schiefe Turm von Pisa in Italien ist sicherlich der bekannteste schiefe Turm der Welt, aber nicht der schiefste. Das ist der Turm von Suurhusen in der ostfriesischen Gemeinde Hinte. Die Neigung des gut 27 m hohen Turms beträgt 5,19° – Weltrekord. Ursache für die Schieflage ist vermutlich ein Holzfundament, auf dem der Turm errichtet wurde und das sich allmählich auflöst, weil der Grundwasserspiegel sinkt.

Übrigens steht auch der zweitschiefste Turm in Deutschland. Der 56 m hohe Turm der Oberkirche in Bad Frankenhausen in Thüringen neigt sich um 4,76°. Der Turm von Pisa kommt nur auf 3,97°.

Aha! In Deutschland steht auch der höchste Kirchturm der Welt. Der Turm des Ulmer Münsters misst 161,53 m. Besteigen lässt er sich über 768 Treppenstufen bis zu einer Plattform in Höhe von 142 m.

Gibt es Wörter, die man nicht **übersetzen** kann?

Wenn du Englischvokabeln lernst, dann steht im Buch neben dem englischen Wort der passende deutsche Begriff. Allerdings gibt es in jeder Sprache Wörter, die sich nicht übersetzen lassen. Manchmal behelfen sich die Menschen damit, dass sie diese Wörter einfach in ihre Sprache übernehmen. So haben englische Kinder auf Wanderungen einen „rucksack“ dabei; französische Schüler schreiben ein „diktat“.

Manche Wörter sind jedoch überhaupt nicht zu übersetzen. Sie können nur umschrieben werden, etwa das indonesische Wort „abo“. Es bedeutet „im Dunkeln seinen Weg ertasten“.

Wie taucht ein **U-Boot** unter?

Unterseeboote, kurz „U-Boote" genannt, können sich sowohl an der Wasseroberfläche als auch unter Wasser fortbewegen. Für das Auf- und Abtauchen haben sie in ihrem Inneren mehrere Tanks. Soll ein U-Boot unter Wasser sinken, pumpen Motoren Wasser in die Tanks. Dadurch wird das Boot schwerer und sinkt.

Möchte es wieder auftauchen, wird das Wasser aus den Tanks abgelassen. Das U-Boot verliert an Gewicht und steigt langsam nach oben. Mit den Wassermengen in den Tanks lässt sich auch die Tiefe regulieren, in der sich das Boot unter Wasser bewegt.

Aha! U-Boote verfügen über zwei verschiedene Motoren. Unter Wasser fahren sie mit einem Elektromotor, über Wasser mit einem Dieselmotor. Da dieser eine Menge Abgase erzeugt, ist er unter Wasser unbrauchbar.

Wann singen **Vögel** am lautesten?

Wer in der Morgendämmerung sein Fenster öffnet, der hört im Frühling und Sommer ein Vogelkonzert. Es ist viel lauter als am Abend kurz nach Sonnenuntergang. Das liegt zum einen daran, dass in der guten halben Stunde der Morgendämmerung mehr Vögel singen als abends. Aber noch aus einem anderen Grund klingt der Gesang lauter: Morgens ist die Luft noch kälter und feuchter, sodass sich der Schall schneller ausbreitet als in der wärmeren, trockenen Abendluft.

Übrigens singen meist die Männchen, und zwar nicht, um uns mit ihrem Konzert zu erfreuen. Mit ihrem Gesang wollen sie die Weibchen anlocken. Sie markieren damit ihr Revier und singen anderen Männchen vor: „Haltet euch fern!“

Warum können manche Menschen mit den Ohren **wackeln?**

Viele Tiere können ihre Ohren bewegen, denn das ist für sie überlebenswichtig. Um in der Wildnis zu überleben, müssen sie oft schnell feststellen können, woher ein Geräusch kommt. Spezielle Muskeln sorgen dafür, dass sie ihre Ohren etwa zur Seite drehen können.

Auch Menschen konnten früher ihre Ohren bewegen. Vor vielen Jahrtausenden lebten sie ebenfalls in der Wildnis und waren etwa bei der Jagd darauf angewiesen, die Geräusche von Tieren wahrzunehmen. Irgendwann jedoch zogen sich die Menschen aus der Wildnis zurück, bauten Häuser und Siedlungen, trieben Ackerbau und Viehzucht und gingen nicht mehr auf die Jagd. Sie brauchten die Ohrmuskeln nicht mehr und die bildeten sich zurück – bei den meisten Menschen ganz, bei einigen blieben Reste vorhanden. Und diese Menschen können heute noch mit den Ohren wackeln.

Wird **Wäsche** im Winter auch draußen trocken?

Wer Wäsche im Winter trocknen möchte, kann sie ruhig nach draußen hängen. Dort wird sie auch bei Minusgraden trocken, allerdings nimmt sie dafür einen kleinen „Umweg“. Erst einmal wird die nasse Wäsche hart, denn sie gefriert. Nach einer Weile jedoch verschwindet das Eis und die Wäsche ist kalt – aber trocken!

Wasser gibt es in drei verschiedenen Formen, sogenannten Aggregatzuständen: gasförmig (Wasserdampf), flüssig und fest (Eis). Das gilt jedoch nur für Temperaturen über null Grad. Darunter hat Wasser nur noch zwei Aggregatzustände, denn es ist ja gefroren, kann also nicht flüssig sein. Mit der Wäsche geschieht nun Folgendes: Zunächst friert das Wasser, dann verdunstet es.

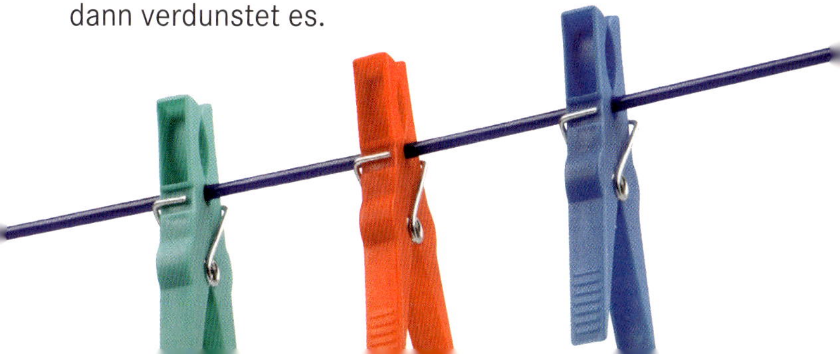

Warum haben Waschmaschinen ein Fenster?

Viele Jahrhunderte lang wuschen die Menschen ihre Kleidung allein mit der Kraft ihrer Hände in einem Gewässer. Das änderte sich erst mit der Erfindung des Waschbretts, eines Holzbretts mit einem regelmäßigen Muster von Erhebungen und Vertiefungen. Hierüber wird das Kleidungsstück gerieben, damit sich der Schmutz löst. Dieses Hilfsmittel verwenden noch heute die Menschen in all jenen Ländern und Regionen, in denen es keine Waschmaschinen gibt.

Vor etwas über 200 Jahren kam dann jemand auf die Idee, ein Waschbrett mit einer Kurbel zu versehen. Damit hatte er den Vorläufer der Waschmaschine erfunden. 1901 konstruierte der Amerikaner Alva J. Fisher die erste elektrische Waschmaschine. Keine 50 Jahre später gab es die ersten automatischen Maschinen, wie wir sie heute kennen.

Die meisten dieser elektrischen Geräte haben an der Vorderseite ein Fenster, hinter dem man sehen kann, wie sich die Wäsche dreht. Es mag zwar langweilig sein, der Wäsche beim Waschen zuzuschauen, doch die ersten Käufer von Waschmaschinen sahen das noch anders. Die neuen Geräte waren ihnen nicht geheuer, und es interessierte sie, was darin geschah. Und sie wollten sicher sein, dass ihrer Kleidung nichts passierte. Also bauten die Hersteller Fenster ein. Nun konnte sich jeder davon überzeugen, dass die Wäsche keinen Schaden nahm. Das weiß inzwischen jeder, weshalb es auch Waschmaschinen ohne Fenster gibt, etwa jene, die man von oben füllt.

Aha! Als es noch kein Waschmittel gab, nahmen die Menschen Salz zum Entfernen des Schmutzes. Doch das Salz griff die Haut der Wäscher und Wäscherinnen an und sorgte für schmerzhaft brennende Wunden.

Wie weit kann man eine Explosion im **Weltall** hören?

Auch in Wirklichkeit gibt es im Weltall Explosionen, nicht nur in Science-Fiction-Geschichten, in denen Raumschiffe und Planeten mit einem ohrenbetäubenden Knall explodieren. Wenn allerdings im echten Weltall etwas explodiert, ist davon nichts zu hören.

Jedes Geräusch braucht einen sogenannten Trägerstoff, etwa Luft oder Wasser, um sich in Form von Schallwellen auszubreiten. Solche Stoffe aber gibt es im All nicht. Also ist es dort ganz still – auch wenn etwas explodiert. Es sei denn, du sitzt im Kino und verfolgst auf der Leinwand gespannt eine Schlacht zwischen Raumschiffen.

Wozu brauchen wir Wimpern?

Unsere Augen sind sehr empfindlich. Es ist daher äußerst unangenehm, wenn Staub hineingelangt. Die Wimpern fangen Fremdkörper wie winzige Schmutzteilchen, aber auch kleinere Insekten ab. Die feinen Härchen sitzen am oberen und unteren Augenlid und erinnern an einen feinen Pinsel.

Insgesamt haben Menschen 200 bis 400 Wimpernhaare, am oberen Augenlid etwa dreimal so viele wie am unteren. Wie jedes andere Haar verfügt auch ein Wimpernhaar nur über eine begrenzte Lebensdauer. Nach 100 bis 150 Tagen fällt es aus und ein neues wächst nach. Für den Schutz des Auges sorgen übrigens auch die Augenlider.

Machen Vögel Winterschlaf?

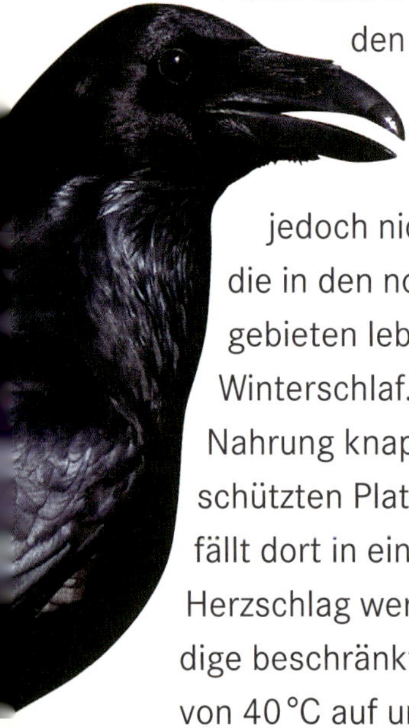

Es gibt eine Menge Vierbeiner, die Winterschlaf halten, etwa Murmeltiere oder Igel. Bei den Vögeln ist das anders – entweder zwitschern sie auch im Winter und kommen zum Futterhäuschen oder aber sie verabschieden sich, wenn es kälter wird, und ziehen in wärmere Regionen.

Für eine Vogelart gilt das jedoch nicht: Die Mitternachtsschwalbe, die in den nordamerikanischen Wüstengebieten lebt, macht tatsächlich einen Winterschlaf. Wenn es draußen kalt und die Nahrung knapp wird, sucht sie einen geschützten Platz, etwa eine Felsspalte, und fällt dort in einen tiefen Schlaf. Atmung und Herzschlag werden auf das unbedingt Notwendige beschränkt, die Körpertemperatur sinkt von 40 °C auf unter 10 °C. Wird es wieder wärmer, kehren ihre Lebensgeister zurück.

Wie entsteht ein Wirbelsturm?

Wirbelstürme entstehen über den tropischen Ozeanen. Wenn die Sonne auf die Meeresoberfläche strahlt, verdunsten große Wassermengen und steigen auf. In größeren Höhen treffen Winde auf diese feuchtwarmen Luftmassen und sorgen dafür, dass diese sich zu drehen beginnen – es entstehen Wirbel. Gleichzeitig wird immer mehr Luft von unten angesaugt. Bis ein richtiger Wirbelsturm entstanden ist, können Tage oder sogar Wochen vergehen.

Ein solcher Wirbelsturm besteht aus einem fast windstillen Auge, das von einem Strudel heftiger Winde und starkem Regen umgeben ist. Viele Wirbelstürme ziehen nur über das Meer, manche jedoch treffen auf Land und richten dort große Zerstörungen an. Gleichzeitig werden sie dort schwächer, weil sie keine Luft von der Meeresoberfläche mehr anziehen.

Heulen **Wölfe** am liebsten bei Vollmond?

In zahlreichen Büchern und Filmen sorgt Wolfsgeheul bei Vollmond für eine gruselige Atmosphäre. Doch Wölfe heulen nicht nur bei Vollmond, sondern bei den verschiedensten Gelegenheiten, völlig unabhängig vom Zustand des Mondes. Die Raubtiere leben in einer Gruppe, dem Rudel, zusammen und stellen durch gemeinschaftliches Geheul den Kontakt her. Häufig beginnt ein Wolf zu heulen, dann fallen die anderen Rudelmitglieder ein. Zudem heulen Wölfe, um ihr Revier gegen andere Wölfe zu verteidigen. Übrigens braucht ein Wolf nicht immer einen Anlass zum Heulen. Manchmal heult er auch einfach nur zum Spaß.

Aha! Wolfswelpen sind bei der Geburt noch blind und taub. Sie können lediglich riechen. Doch das reicht aus, um die Zitzen der Mutter zum Saugen der Milch zu finden.

Warum kratzen Wollpullover?

Wollpullover sind schön warm, können aber auch unangenehm auf der Haut sein, denn manchmal kratzen sie. Ob sie das tun, hängt von der Herkunft der verwendeten Wolle ab. Verantwortlich für das Kratzen sind Fasern, die aus dem Wollgeflecht herausstehen.

Vor allem die Wolle von Schafen aus kühleren Regionen, also auch die von deutschen Schafen, kratzt, denn das Fell der Tiere wächst schnell und bildet dicke Fasern – schließlich möchte das Schaf nicht frieren. Ein viel feineres Fell haben dagegen Schafe aus wärmeren Regionen, etwa aus Australien. Pullover aus deren Wolle kratzen nicht.

Besteht eine **Wüste** nur aus Sand?

Wenn wir an Wüsten denken, dann fallen uns meist endlose Sanddünen sowie große Hitze und Trockenheit ein. All das gibt es tatsächlich in einer Wüste, allerdings besteht nur ein geringer Teil von ihr aus Sand. Den größten Teil machen vielmehr trockene Böden, Steine, Felsen, Kies und Geröll aus.

In Trockenwüsten regnet es nur äußerst selten. Zudem schwanken die Temperaturen. Tagsüber kann es 60 °C und mehr heiß werden, so heiß, dass man sich die nackten Füße auf dem Boden verbrennt. Da es keine Wolken über der Wüste gibt, entweicht die warme Luft nach Sonnenuntergang sehr schnell nach oben, und es wird bitterkalt – die Temperaturen sinken unter den Gefrierpunkt. Unter solch extremen

klimatischen Bedingungen wachsen nur wenige Pflanzen. Diese müssen in der Lage sein, die wenige Feuchtigkeit, die sie aufnehmen können, möglichst lange zu speichern.

Natürlich gibt es auch reine Sandwüsten. Die größte von ihnen, Rub al-Chali, liegt im Süden der Arabischen Halbinsel. Sie ist etwa doppelt so groß wie Deutschland und gilt als äußerst lebensfeindlich. Nicht einmal die Beduinen wagen sich dorthin. Einzige Lebewesen sind einige Spinnen- und Nagetierarten.

Die bekannteste Wüste der Erde ist die Sahara in Nordafrika. Sie besteht etwa zu einem Fünftel aus Sand. In ihr findet man riesige Salzwüsten, die aus ausgetrockneten Seen entstanden sind, und bis zu 3000 m hohe Gebirge. Die größte Wüste jedoch ist eine Kältewüste: die Antarktis.

Aha! Wenn es nach langer Trockenheit in der Wüste geregnet hat, verwandelt sie sich kurzzeitig in ein Blütenmeer. Samenkörner, die jahrelang im Boden gelagert haben, keimen über Nacht und blühen.

Woher wissen Zugvögel, wann sie losfliegen müssen?

Zugvögel suchen in der kälteren Jahreszeit wärmere Regionen auf, um dort zu überwintern. Manche von ihnen machen sich schon auf den Weg, wenn es draußen noch recht warm ist, andere erst dann, wenn die Temperaturen immer tiefer sinken. Wann sie genau losfliegen müssen, verrät ihnen eine angeborene „innere Uhr". Sogar Käfigvögel werden zu einem bestimmten Zeitpunkt im Jahr sehr unruhig. Wissenschaftler fanden heraus, dass sie sich erst wieder beruhigen, wenn ihre Artgenossen das Winterquartier erreicht haben.

Wenn die Vögel losfliegen, kennen sie ihre Route ganz genau. Sie wissen sogar, wo sie Rast machen können und wie viel sie dort fressen müssen, damit die Nahrung bis zur nächsten Rast oder gleich bis zum Ziel reicht.

zu Seite 26/27

Quizseiten – Auflösung:
Tiere

Aha!

1 c) Ameisen und Bienen leben in Staaten zusammen und haben eine Königin, Fliegen hingegen nicht.

2 b) Spinnen unterscheiden sich von Insekten (sechs Beine) durch ihre acht Beine. Zudem ist ihr Körper in einen Kopfbrustteil und einen Hinterleib geteilt.

3 b) Giraffen werden bis zu 6 m hoch, allerdings nur die Männchen, Weibchen sind kleiner.

4 b) Bären und Igel machen Winterschlaf und sind in der kalten Jahreszeit nicht zu sehen, Hasen hingegen halten keinen Winterschlaf.

5 a) Schwarze Panther gehören zu den Leoparden. Es gibt übrigens auch schwarze Jaguare, sie werden lediglich als „Panther“ bezeichnet.

6 b) Kolibris schlagen über 50-mal mit ihren Flügeln und können sogar rückwärts und seitwärts fliegen.

7 c) Die Zunge eines Ameisenbären ist bis zu 60 cm lang, damit er mit ihr möglichst weit in die Ameisenbaue hineinkommt.

8 a) Der Blauwal ist das größte bekannte Tier. Er kann über 30 m lang und mehr als 200 t schwer werden.

Länder

zu Seite 56/57

Aha!

1 b) Rio de Janeiro ist die bekannteste Stadt Brasiliens, Hauptstadt aber ist Brasília.

2 a) Die Aborigines besiedelten vor 40 000 bis 50 000 Jahren Australien.

3 a) Mallorca (Balearen) und Teneriffa (Kanaren) gehören zu Spanien, Madeira gehört zu Portugal.

4 b) Japan besteht aus über 6000 Inseln. Die vier Hauptinseln sind Hokkaido, Honshu, Shikoku und Kiushu.

5 c) Höchster Wasserfall der Erde ist der 978 m hohe Angel-Fall in Venezuela.

6 b) Deutschland grenzt an neun Länder (von Norden her im Uhrzeigersinn: Dänemark, Polen, Tschechische Republik, Österreich, Schweiz, Frankreich, Luxemburg, Belgien, Niederlande).

7 b) Israel liegt im Nahen Osten auf einer Landbrücke zwischen Afrika und Asien. Es gehört zu Asien.

8 c) Das Rote Meer liegt zwischen Nordost-Afrika und der Arabischen Halbinsel.

zu Seite 80/81

Quizseiten – Auflösung: Pflanzen

Aha!

1 c) Auf den Blättern des Sonnentaus bleiben Insekten kleben, von denen sich die Pflanze ernährt.

2 c) Die Gewürzvanille, die ursprünglich in Mexiko heimisch ist, gehört zu den Orchideen.

3 b) Schattenmorellen sind die beliebtesten Sauerkirschen.

4 c) Riesenmammutbäume können über 90 m hoch werden, ihr Stammdurchmesser beträgt oftmals 12 m und mehr.

5 b) Rote Rosen gelten schon seit dem Altertum als Symbol für Liebe.

6 b) Kaktusfeigen werden als Gemüse oder Obst gegessen.

7 a) Rotkohl und Grünkohl sind beliebte Wintergemüse, Gelbkohl hingegen gibt es nicht.

8 a) Die Frucht der Erdnuss ist eine Hülsenfrucht wie etwa die Bohne oder die Erbse.

Quizseiten – Auflösung: Mensch

Aha!

zu Seite 102/103

1 a) Knochen des Neandertalers wurden im Neandertal bei Düsseldorf gefunden. Neandertaler waren Vorfahren des heutigen Menschen und lebten vor 160 000 bis 30 000 Jahren.

2 c) Ein Erwachsener hat insgesamt 206 Knochen. Der größte ist der Oberschenkelknochen, der kleinste der „Steigbügel" im Ohr.

3 c) Das Herz schlägt pro Minute etwa 70-mal, pro Tag sind das rund 100 000 Schläge.

4 c) Der Mensch hat zwei Nieren, eine auf der linken und eine auf der rechten Seite.

5 b) Wir haben 20 Milchzähne, das bleibende Gebiss hat 28 Zähne.

6 b) Unser stärkster Muskel ist der Kaumuskel. Als fast ebenso stark gilt der Gesäßmuskel.

7 a) Ein Säugling hat doppelt so viele „Schmeckzellen" wie ein Erwachsener.

8 b) Es gibt nur vier Blutgruppen: A, B, AB und 0.

zu Seite 130/131

Quizseiten – Auflösung: Technik

Aha!

1 c) Ein Seismograf reagiert auf Bodenerschütterungen und erkennt ein Erdbeben.

2 b) Die Windstärke wird mithilfe der Beaufort-Skala festgelegt, die sich an der Windgeschwindigkeit orientiert. Die Skala reicht bis 12.

3 c) Als längste Eisenbahnstrecke der Welt gilt die 9288 km lange Transsibirische Eisenbahnlinie, die durch Russland führt.

4 b) Auf dem größten Kreuzfahrtschiff der Welt, der „Allure of the Seas“, finden rund 6300 Passagiere und 2100 Besatzungsmitglieder Platz.

5 a) Bei der Draisine, benannt nach ihrem Erfinder Karl Friedrich Drais, handelt es sich um ein Laufrad. Damit war sie ein Vorläufer des Fahrrads, hatte aber noch keine Pedale.

6 c) Den ersten Roboterzoo der Welt gibt es in Portugal. Im „Robotarium X“ leben 45 Roboter – streicheln und füttern verboten!

7 c) Ein Blog ist eine Art Tagebuch im Internet.

8 a) Die Rakete Ariane startete erstmals 1979. Sie transportiert Satelliten ins Weltall.

Quizseiten – Auflösung: Erde

zu Seite 164/165

1 c) Die Venus liegt der Erde am nächsten. Sie nähert sich ihr bis auf 38 Millionen km.

2 a) Der längste Fluss der Erde ist der 6800 km lange Amazonas. Er fließt in Südamerika durch die Länder Ecuador, Peru und Brasilien.

3 c) Kein See ist tiefer als der Baikalsee (1637 m). Er liegt in Sibirien, das zu Russland gehört.

4 c) In Australien wird ein tropischer Wirbelsturm „Willy-Willy“ genannt.

5 b) Asien ist der größte und bevölkerungsreichste Erdteil. Hier leben über 4 Milliarden Menschen, das sind etwa 60 % der Weltbevölkerung.

6 b) Borkum und Sylt liegen beide in der deutschen Nordsee, Mainau hingegen ist eine Insel im Bodensee.

7 c) Die Straße von Gibraltar trennt Europa und Afrika voneinander – und zwar zwischen Spanien und Marokko.

8 c) 71 % der Erde sind von Wasser bedeckt. Die Erde ist der einzige bekannte Planet, auf dem es Wasser in flüssiger Form auf der Oberfläche gibt.

Bildquellenverzeichnis

Airbus S. A. S. 14
Bibliographisches Institut, Mannheim/Archiv Waldmann 30f., 80
© CORBIS/Royalty-Free 110
Deutsches Zweirad- und NSU-Museum, Neckarsulm 130
© Thomas Bedenk - Fotolia.com 151
© Uwe Bumann - Fotolia.com 109
© Brenda Carson - Fotolia.com 77
© Close Encounters - Fotolia.com 91
© Creative images - Fotolia.com 13
© Eric Isselée - Fotolia.com 2, 40, 50, 67, 171
© JerushA - Fotolia.com 140
© lantapix - Fotolia.com 181
© milosluz - Fotolia.com 32
© Lidian Neeleman - Fotolia.com 69
© Eric Nguyen - Fotolia.com 182
© Birgit Reitz-Hofmann - Fotolia.com 19
© Carolina K Smith MD - Fotolia.com 44
© Svenja98 - Fotolia.com 116
© Jan Will - Fotolia.com 128
H. R. Gelderblom, Robert-Koch-Institut, Berlin 11
GEOSPACE/NASA/NOAA, 2006 165
Kessler-Medien, Saarbrücken 148
MEV Verlag, Augsburg 3, 7, 10, 17f., 22, 24-27, 36f., 42f., 45f., 49, 54, 56f., 59, 61-64, 66, 70, 73, 78f., 81f., 86f., 89f., 92, 95-97, 100, 102f., 112f., 115, 120f., 123f., 131, 139, 142-144, 149, 154, 158-160, 162, 164, 173f., 178, 180
Panasonic Deutschland, Hamburg 23
Photodisc, Hamburg 102
SONY Deutschland, Köln 131